U0019452

透過12個角色原型 建立有型品牌

角色行銷

符敦國｜著

2

目錄 CONTENTS

4 　推薦序

14 　自 序

緒論

18 　什麼是品牌？

25 　如何應用此書？

27 　站在巨人的肩膀上：
　　 12 原型的由來

PART

1

12 原型與經典品牌 I

34 　可口可樂與天真者原型

48 　Jeep 與探險家原型

64 　Intel 與智者原型

75 　品牌塑造就是「不斷達成共識」的經過

83 　品牌行銷就是「重覆，重覆，再重覆……」

PART

2

12 原型與經典品牌 II

90 　NIKE 與英雄原型

102 　切‧格瓦拉與顛覆者原型

116 　Disney 與魔法師原型

127 　三格一致的經典

137 　品牌沒有美醜，只有強弱

PART

4

12 原型與經典品牌IV

204　京都念慈菴與照顧者原型

215　IKEA 與創作者原型

227　愛馬仕與統治者原型

238　什麼是好的原型？

　　　別誤用 12 原型

243　時勢造品牌，強求不得

PART

3

12 原型與經典品牌III

142　全聯福利中心與凡夫俗子原型

155　香奈兒與情人原型

168　杜蕾斯與丑角原型

178　違反共識的品牌行為

186　複合原型與品牌轉型

194　場景心流與衝動消費

品牌，就是自我定位

百年樹百人 108 位講師中，大家公認，有三位屬於天才型的老師，符敦國就是其中之一，是天才兒童型講師。

雖然敦國也老大不小了，但是內心深處，仍住了一個頑皮的小精靈，仍有兒童的天真單純，思考活潑跳躍，創意十足異於常人，不拘小節。

套句這本書核心 12 原型，敦國就是天真者原型。

這次敦國出書了，《角色行銷：透過 12 個角色原型，建立有型品牌》。他請我寫篇序文，收到稿件後，我幾乎是一口氣看完整本書 @ 欄目：文筆流暢，含金量高，很實用，我很樂意寫推薦文。

這本書有幾個特色：

（1）架構嚴謹：

把 12 原型的理論來源典故，說明簡明扼要，分類表格一目了然，很容易理解吸收。

（2）案例生動：

每個原型都舉 1 ～ 2 個著名品牌舉例說明，再舉 3 ～ 5 個其他企業品牌或是知名人物佐證，讀者更容易感受體會。

（3）實用性高：

每個章節，總會補充許多實用方法，介紹如何應用 12 原型打造企業品牌，也加了「冷知識 543，以及補充網站的二微碼，乾貨特多。

（4）物以類聚，人以群分：

12 原型，就是前輩們把人的個性分成 12 種類型，專家再把這 12 類型，套用到企業品牌形象應用。

所以，這本書雖然是在講企業品牌故事，但是讀者在閱讀時，可以反思對照，自己是何種主原型？副原型？我自己有何特色？如何發揮特長？

品牌，是自我定位。

用敦國的話說，好的原型是：一、內部覺得舒服；二、外人覺得合理；三、總體表現一致。懷才不遇，孤芳自賞者，就是品牌形象不對。

　　一個人若能把自己擺對位置，讓自己：一、應該做；二、喜歡做；三、有能力做，這三者重盡量疊。那人生定位就清楚了，也就能過得快樂，才能發揮長才。

　　恭喜敦國，漂泊多年後，找到自己的天命，找到自己明確的人生品牌定位。

　　人生，若能定位清楚，安身立命，對社會就會更有貢獻的。

知名企管講師｜**楊田林**

素聞敦國在創意思考教學領域的盛名，於是邀請敦國上我的廣播節目，在短短的一個小時訪談當中，我發現敦國是一個生活經驗極其精彩與充滿創意的人。

為什麼這樣說呢？

因為他為了讓生活充滿創意，為自己設計了「每週一鮮試」，也就是每個禮拜要嘗試一件過去自己沒有做過的事，如果一年只做一次嘗試沒這麼難，但是他竟然堅持超過一年，不要小看這一年，這代表你要做超過 50 種嘗試，想像一下這件事有多難，不但教創意，本人也在實踐創意，所以我覺得敦國是一個言行合一的人，他正在以身作則的在談他的課程主題，也就是說他用他自己的親身經驗在實踐什麼叫做創意思考，於是對敦國非常佩服。

現在，我的好朋友敦國以其創意思考的實踐，發展出一套令人驚艷的品牌創意學習法，更開心的是，敦國不藏私地將所有內容寫在新書裡，希望藉此幫助個人品牌或企業品牌，以 12 種品牌原型來進行分析與規劃，得以在短時間內，在腦中擘劃一個品牌大藍圖！

話說藍圖重要嗎？我自己在規劃一件重要的事的時候，都很希望有個藍圖可以幫助我，畢竟對很多個人與企業而言，品牌是大事，若是在沒有藍圖的狀況下就開始設計 LOGO 或文案，這是一件很危險也很消耗資源的事，如果你正在為自己的個人品牌或公司的企業品牌進行規劃，那麼我會建議你趕快建立一套品牌藍圖，這種作法通常也是品牌顧問公司的諮詢流程，而敦國對於顧問引導手法學有專精，更對品牌原型蒐集了大量真實案例！

對於非品牌行銷人員，但又需要有點品牌概念的人，或是工作上經常需要發想品牌與行銷，苦惱不已的人，我相信這本書利用 12 個故事形象，打造出色品牌，聽故事看廣告，讓您戴上專業品牌分析師的眼鏡，看穿經典形象的背後靈，讓每樣產品與形象都能找到最佳角色與定位。

敦國在書中認真定義，品牌就是告訴這個世界我是誰，敦國也用他的親身經歷與大量案例告訴您，原來品牌可以這麼簡單學習，總之，這是一本值得非常值得推薦的好書。

知名企業創新顧問，暢銷書作家與廣播主持人｜劉恭甫

品牌與你我12原型，敦國與他的機智人生

我第一次見到他，是在電視裡。

我始終覺得：「怎麼會有人把電視節目裡頭，出得如此機車的題目，在不套招的情況下，還有高額獎金的誘因，竟能全部答題正確，帶走獎金？」

敦國就是裡頭的佼佼者。

我想了很久，這到底是什麼超能力？靠運氣？還是靠實力？

或許跟我的人生相仿，應該都有吧！直到他走進我的「說出影響力」教室。

敦國不是那種受控、照表操課的學員，他會有天馬行空的想法，我尊重他的創意，嘗試慢慢引導他的邏輯神經，走向我想引導的方向：「結構表達與畫面思考」。

他做得非常好，就像每個孩子說話，都有一種屬於他的方式，真誠而獨特，就跟他講授品牌與12原型一致。

老實說，身為資深職業講師，沒有得到對方的允許，我都不好意思去報名別人的課程，免得人家以為我要去踢館。

某天，敦國私訊邀我去參加他的12原型品牌課，當晚我有空，30秒之內我就刷卡報名，後來敦國就跟我說：「他要我免費去聽，不是要收我的錢。」

我回：「我自己開公開班，沒有免費這回事，任何知識取得都要付費的，無分大牌、小牌，更何況免費最貴，不是嗎？」

我刻意扮演一個一般學員，不想因為我在現場，而造成老師的壓力，我跟著其他學員，一起搶答，一起互動，一起學習品牌與12原型。

我意外發現了以下四件事：

（1）品牌如此抽象的東西，他怎麼可以講得這麼精采？

（2）這麼大的場面，他怎麼可以控制自如？

（3）我所知道的可口可樂、麥當勞、熊寶貝、玩具反斗城，在他的口中，好似變成一個人物，活靈活現地出現在我眼前。

（4）一位出道沒多久的講師，是如何靠著獨到觀點，解析品牌12原型？我真的很有興趣知道，直到我近期看到了這本書。

我深信，每個人都有其天賦與個性，敦國用他的機智人生，解構

商業品牌下的個性，結合商業與心理學，故事與行銷學，將你我不懂卻又很想懂的品牌來龍去脈，徹底揭露廣告行為下的重複思維，到底為何重複，如何重複？

敦國是一位創意引導師，書中將有上述四個觀察的全部答案，誠摯推薦給您。

知名講師、作家、主持人｜**謝文憲**

超人身上的標誌是 S，還是 Nike？

先問大家一個問題。

如果某天，有人從你背後，把你的包包搶走。這時，周遭有三個人可以求救，一個腳穿 Nike 球鞋，一個手拿 I-phone 手機，一個背肩 LV 包包。

你會向誰求救？

我問過很多人，大部分的人都選擇了 Nike。

原因是 Nike 讓人聯想到「Just do it」、聯想到籃球巨星 Michael Jordan、聯想到英雄，以及它所衍生的相關印象：熱血、救援、助人⋯⋯

正是 Nike 給人的英雄形象，讓我們依據那小小的勾勾標誌，就把熱血英雄的形象往一個陌生人身上套。

穿 Nike 的人就是英雄嗎？當然不是，而是穿 Nike 的人，是認同 Nike 品牌價值的人，而 Nike 品牌，長久以來就把自己塑造成「英雄」。

英雄，就是 Nike 的獨特形象，以至於我常常有一種錯覺，超人身上的標誌不是 S，而是 Nike。

這就是品牌的擬人化，每一個著名品牌都是一個形象鮮明的人。

什麼是品牌？這本書開宗明義：「告訴這個世界我是誰。」

我太喜歡這個說法了。

但我有另一個說法，可以拿來對比一下。

當年，我開始學編劇時，我的編劇老師徐斌揚是這麼說的：「許多年後，我們不會記得《神雕俠侶》裡的楊過，做過什麼事，但我們不會忘記他是個怎樣的人。」

這跟畢卡索經常掛在嘴邊的名言，幾乎如出一轍：「重要的不是一位藝術家在做什麼，而在於他是什麼樣的人。」

「你是一個什麼樣的人」，這就是品牌。

當年，我開始走上故事行銷之前，第一個取經的人就是符敦國，他是我的老師，帶我走進品牌的世界，給了我一個無比紮實的品牌觀念，至今仍受用無窮。

故事教練｜許榮哲

每個人一定都是某些品牌的奴隸

出社會後,我不戴錶不開車,任何品牌的手錶,我無感;任何品牌的汽車,於我無甚差別。

但診療病人的專業工具我就很講究,頭鏡用德國製的 HEINE,治療檯選擇日本製的 NAGASHIMA,包藥機獨鍾日本製的 yuyama,如果你不是醫生,可能不熟悉這些品牌,但如果說這些品牌是該行業的愛馬仕,你可能就秒懂。符敦國的品牌學把這類品牌歸類為:統治者原型。

我曾跟《給兒子的 18 堂商業思維課》作者林明樟分享過我的夢想,如果醫師退休,銷售瑞典國寶 Hästens 的床墊或許是人生下一個挑戰,怎麼找代言人或是從哪個角度來加強銷售力道,我想可以應用符敦國書中提到的「複合原型」來規劃,Hästens 當中的基本款可能是照顧者加上天真者,特別款可能是照顧者加上顛覆者,頂級款則是照顧者加上統治者。

用 12 原型的眼鏡建構解構品牌,能替品牌找到正確的下一步,並賦予更強烈的意義。

方寸管顧首席顧問|楊斯棓

自投入楊田林老師門下，老師不時提到：「敦國是天才」。天才？真的？但怎麼沒看過身為講師的敦國開公開班？想必名不符實！為了打臉，我不惜重金假意要幫他打響第一炮，還特意選在不好開班的台南，哼哼。

沒想到竟然一炮而紅，全台灣一直開，現在還出書！還懷疑他不是天才？只好用新台幣讓書下架了！

口腔顎面外科醫師｜**陳畊仲**

敦國老師對於 12 原型的解讀及應用，讓品牌走入我們的生活之中，而且也讓打造品牌這項工作變得更加有脈絡可循了！

一本有趣又有用的好書，希望每一位對品牌及行銷有興趣的人都能擁有。

秒殺課程「一談就贏」創辦人｜**鄭志豪**

品牌價值大家都知道，但品牌塑造卻虛無飄渺，難以下手！

聽了敦國老師的 12 原型，看見一盞品牌塑造明燈，視覺化這樣抽象的品牌形象，12 原型就是能幫你做到。

視覺溝通講師｜**盧慈偉 David**

歡迎你和我一起加入敦國老師的鐵粉行列，一個好創意能幫助你另闢一個全新視野看世界，讓我們一起在這本書裡體會茅塞頓開、豁然開朗的好滋味吧！

知名企業講師｜**趙祺翔**

我們每天都有無數個選擇，透過 12 原型分析，讓我可以更忠於自己！

由衷感謝，這真的是一門有用又有趣的課程啊！

馬偕醫院醫師｜**湯硯翔**

關於品牌的課程，大部分都是介紹案例，但往往聽懂了卻不知從何下手！

敦國老師以 12 原型的架構清楚分析品牌，提煉關鍵要素且清楚易懂，有效幫助我們邏輯化地搭建品牌。

亞洲遊戲化創新教育協會理事長｜陳婉瑜

敦國老師的 12 原型課程，讓我們學習將品牌擬人具象化，依據這個「人」的個性／特質／行為等，以共同的語言，在同樣的水平線上交換意見，迅速聚焦產品及服務的提案及想法。

明基佳世達集團｜HR Iris Wu

在「12 角色原型」的課程中，透過敦國老師生動活潑且兼具戲劇細胞的教學，讓我對於 12 原型有了很深刻的印象。在工作當中，我也曾將所學濃縮成 1 小時版本，在月會時分享給部門同事，獲得很棒的迴響，更運用 12 角色原型來發想未來的工作專案。

明基佳世達集團 HR｜Vincent

敦國老師的 12 原型與品牌的課程，讓我更了解如何善用自己的人格原型、特質於公司品牌中，使品牌與個人特色融合，強化行銷力道；也使我更了解不同公司使用的品牌策略，與該品牌原型的連結關係，對 12 原型應用於品牌行銷的方式，從此擁有更多了解。

心起點有限公司負責人｜史庭瑋 Mia

學了敦國老師的 12 原型，有效、有趣、有創意！

讓我看懂了各家品牌的行銷策略，也應用所學做好個人品牌形象的定位，少走很多冤枉路！

貓頭鷹設計顧問公司｜吳政哲

曾在多年前接觸 12 原型與品牌的課程，敦國老師在課堂中生動且務實的案例，使我在人才的培訓與招募、運用顧問式諮詢與客戶對談時，能夠快速運用原型的原則，判別客戶屬性，以便更充分地預做準備並對症下藥！

保德信國際人壽壽險顧問｜祝碧花

在外商消費品服務近 20 年的我，有幸上到敦國老師的 12 原型品牌課程，這是一門實用的行銷工具課程，有助於與內外合作團隊之間的溝通，盡快達成共識。一旦確立品牌原型後，時時檢視「內部覺得舒服，外人覺得合理，總體表現一致」這三句話，就能理出品牌脈絡，確保傳播的一致性。

博士倫行銷經理｜莊婷萍

全球品牌資歷 23 年，本科系出身，本人很少看上教得起「品牌」這檔事的老師。但很驚訝敦國老師的這門簡單課程，竟可以如此深入淺出地把品牌 12 原型講解得如此傳神！

品牌就該是明白自己個性、特質，該說啥話，該傳遞啥精神，這是始終如一的，也就是「初心」。

善美堂合夥人｜蕭妙卿 Yvonne

自從上了敦國老師的 12 原型與品牌課程，從實際案例中強化自己有意識地運用「基模做為溝通基石」的能力，讓我不僅在工作中能夠有效且得體地與不同背景的人士溝通與解釋專業技術，也能適時觀察各種場合的需要，將自己融入原型角色中，迅速成為受人信任的專業溝通者，真的受益良多。

HTC 資深工程師｜蔡孟哲

上完敦國老師的 12 原型與品牌的課程後，頓時感到非常興奮，因為經營品牌一點也不難，只要搭配敦國老師的心法，即可既輕鬆又有邏輯地打造觸動人心的品牌。

聯合再生能源股份有限公司行銷管理師｜蔡姿萱

起初聽到 12 原型，以為跟星座有關。實際了解後才發現，這對於正在研究「行銷領域」的我助益良多。運用敦國老師教的 12 原型內涵，讓行銷報告更具「系統化」與「生活化」，更有趣的是還能幫我建立「個人風格」呢！

國立臺灣師範大學社會教育研究所研究生｜劉丹尼

自序

企業的難題困境

我自出社會後，我的工作一直都圍繞著創意打轉，尤其是自美國念完創意學研究所回國之後。我創業前最後一份是在工作華碩電腦的總經理室，我大量地接觸許多高階的講師或顧問，我發現許多流程方法或工具，其目的都是要搞出一個「創新生產線」。

這個生產線大概是這樣，左邊把原料丟入（像是靈感、顧客意見、分析報告），然後一路往右經過步驟1、步驟2、步驟3……等等。最後就會產生出一個創新的產品、創新的策略或創新的廣告…等等。這種一步一步推導的方法，像講故事一樣的脈絡法，在我出社會工作並大量學習的那幾年，我學了一堆這樣的方法。

這種方法大多博大精深，不走到最後一步，不知道產出是什麼。這類方法有個共通特色就是很耗時間，而且沒有半成品，如果一個產品設計流程有七個步驟，只走到第四個就放棄了，那麼你不會拿到一半的設計，而是什麼都沒有。

我很挫折地發現，以前我在學校裡學的許多創新創意工具、流程一旦進入企業，照著專家或課本上所寫的一步步進行，幾乎無用！

在華碩工作的那一年，我壓力很大，因為我的主管常跟我說：「我們沒有那樣的美國時間搞那些要好幾天的 WORKSHOP，我們需要又快又好的方法！」

這中間我們當然還找了許多業界知名的專家、顧問來指點過，一樣挫折重重。

不過至少我有了一個很大的學習，這些方法或工具，要嘛協助企業獲得外部刺激，要嘛協會企業達成內部共識。

我被逼著要想出一個能讓產品創新、行銷有創意也能內外容易達成共識的流程方法。我很認真的去研究，但是也很進展有限。挫折之餘我又開始寫小說、想在寫小說上得到些成就與紓發。

在戲劇裡，我找到答案

寫作的時候我不是悶頭亂寫，我報名了幾位知名老師的小說寫作課程，無意間發現這幾位老師都提到「角色原型」這件事。

我開始深入研究後發現，原來過去我在企業發生的問題，其實都是共識問題，大家都有創意、都有想法，如何讓大家的創意、想法整合在一起呢？

經過大量閱讀，我發現這些共識都可以利用「角色原型」來達成，因為戲劇中有幾個大量被使用的角色原型，是人類文明的最大公約數。

我舉個例子，如果你給非州部落的人看一張關公的畫像，就算他從沒接觸過中華文明，他大概都可以猜出，關公是英雄原型。

如果你給幾個台灣人和印尼人，看個剛出生的小北極熊照片，大家一定會大喊「卡哇依」的認為這是天真者原型。這兩個地方可是沒有北極熊的呢！

原來角色原型是一種不須要刻意教學，大家在潛意識裡就有的一種意象，就像是個共同語言，而且是跨時代、跨文明的共通語言。那麼我用這種語言來協助企業內的共識達成，應該效果會很好囉！？

從乏人問津到落地可行

後來，我離開了華碩並自行創業，但是我沒放棄這方面的研究，經過幾年大量的閱讀，我整理出一套課程叫「利用 12 個故事角色 打造有型品牌」。

說到這我就得感謝台南的陳畊仲醫師，還有已經過世的陳彥宏老師。

這兩位兩老師都是我在百年樹百人講師社群裡認識的好友。

2015 年，我整理出來這個課程，乏人問津。我只能靠些人脈在校園裡辦講座，或是去公司的福委會當作下班後的分享來進行。

陳彥宏老師幫我辦了第一場公開演講，效果還挺不錯，這讓我有了自信。

陳畊仲醫生經過朋友推薦之後主動找上我說，以他在台南的人脈，應該一場講座 60 個人坐滿沒問題，他好心幫我弄了報名網站寫了文案。

果然以他的人脈，三天票賣光光。那天現場來了不少南部網路大神，許多人都幫我寫文章分享。於是一個月後台中場也爆滿（感謝承辦人盧慈偉老師），又一個月後台北場也爆滿（感謝承辦人嚴又文小姐）。

這門課在網路上有了基本聲量，之後招生就容易多了，這也帶動了我的其他課程。而我也有機會，利用 12 原型走入企業，真的用 12 原型來協助企業達成共識。

許多企業紛紛擾擾吵了幾十年，沒有辦法達成品牌共識。在幾個小時的講座後，大家可以很快地從 12 原型選擇一個～兩個，達成共識。而且是「有感覺」的共識，真的只需要幾個小時。

我不敢說我解決了企業的所有品牌問題，但是關於品牌共識這樣的難題，我有了充分的自信，我有了落地的解法。

值得我一輩子的學習

12 原型也剛好把我過往所學的引導（Facilitation）與創意學可以結合在一起，我喜歡做這方面的研究。並且整理累積出許多有用的資料庫。

我在撰寫此書的時候，心中充滿了感激，身為一位講師及一位知識工作者，我一直在找尋一門學說，可以研究、分享一輩子。我很慶幸，我找到三個方向：引導、創意學、12 原型，這本書也算是我匯整三個理論的第一本著作，相信你也能從此書中，享受到我不斷探索的樂趣。

符敦國

人生創意引導有限公司負責人／企業創意講師／引導師
課程邀約、學術共同研究 歡迎來信：kuokie@gmail.com
或是來我的 FACEBOOK 粉絲頁逛逛：創意登機門

緒論

- 什麼是品牌？
- 如何應用此書？
- 站在巨人的肩膀上：12 原型的由來

天真者　　　探險家　　　智者　　　英雄

顛覆者　　　魔法師　　　凡夫俗子　　　情人

丑角　　　創作者　　　照顧者　　　統治者

■ 什麼是品牌？

關於什麼是品牌，我想你看 N 本書可能會有 N+1 種說法，本書裡說的品牌，強調的是「品牌形象」。意思是說，當消費者看到你們透過產品、服務、媒體所表達出來的種種，在他們心中留下什麼樣的感覺與印象？（未來，印象這個詞會不斷地在本書中出現……）

關於形象造成印象這檔事，管理學似乎不能教我們太多，不過戲劇學這邊，倒是累積了上千年的經驗。劇作家對於角色的設定，如何讓觀眾對角色印象深刻，做了上千年的實驗，因此有了一些基本的模型。

如果這些模型可以讓我們減少摸索的時間，直接選用適合自己個人 / 產品 / 服務……等等所需的形象模型，我們就不需要自己從零開始創作。更重要的是，利用這些大家都熟知的角色原型，可以大幅減少達成共識所需要時間，也可以減少很多衝突與紛爭。

我要感謝我在引導界的前輩鐘琮貿老師，在上完我早期的《12 原型與品牌》課程之後給我的建議，當時我正苦惱，找不到簡單的一句話來定義什麼叫品牌？鍾老師告訴我，他聽過最簡單有力的定義是「告訴這個世界，我是誰？」聽完之後，我心中的許多小細胞通通站起來，一致鼓掌通過「沒錯！就是這句話！就是這句話！」

可惜！鍾老師也忘記這句話的出處，我四處也找不到出處，但是這句話超好用，請容我就在此野人獻曝，分享給大家。

什麼是品牌：「告訴這個世界我是誰。」

就拿一個凡人如你我，如果你想建立一個個人品牌，你會想讓人看到你什麼樣貌：

想想看，你會放什麼大頭照或封面照在 Facebook 上或微博上，好代表你呢？

想想看，如果你有間辦公室，你會掛什麼照片照在辦公室牆上，給客戶或下屬看到呢？

想想看，在你家客廳，你會掛什麼照片，好跟來你家的客人說故事呢？

這幾張照片，不會是你生命的全貌，那只是你生命中的某一瞬間的定格，但是你會希望用那個定格代表你，你希望這個世界透過這張圖片認識你，你用這張圖告訴這個世界你是誰……

我們每天通常花上 8 小時睡覺，9 小時上班工作、2～3 小時在吃飯大小便，剩下幾個小時則是放空遊玩、偶爾出外長途旅行。這種畫面皇帝、將軍、聖賢、美女沒啥兩樣。但是劇作家不會浪費筆墨去鋪陳這些鳥事，在劇作家的筆下，通常會萃取出：

皇帝在朝廷上英明果斷的一面，我們會因此想起漢武帝、李世民。

將軍在戰場上奮勇殺敵的一面，我們會因此想起關公、呂布。

聖賢在心靈思考上睿智的一面，我們會因此想起孔子、鄧不利多。

美女在情愛上溫柔婉約的一面，我們會因此想起西施、貂嬋。

當然，累積了上千年的智慧，劇作家也知道，用什麼元素、畫面去形塑這些人物，好讓讀者在腦中對這樣的人物留下深刻的印象。所以，本書也是利用這樣的原理，跟 12 個經典角色原型做連結，好讓我們得以站在這些劇作家前輩的肩膀上，讓你的品牌可以像這些經典人物一樣，在世間永流傳。

本書的品牌意指「品牌形象」

這本書的形象絕對不會牽扯到：產品穩定帶給人的好感、服務提升、產業升級、產品品質等等。

本書將專注在：一個企產／個人／組織傳播出去的資訊，到底給人什麼感覺，留下什麼印象？

接下來我也將列舉一些，我過去常在課堂上被問到的問題：

品牌就是把公關做好？

在日本，明治乳業跟麥當勞過去二十年出了不少的食安問題跟弊案，公關

也慢半拍，讓形象大損。因為形象這個詞有點籠統，我再細分一下。應該說讓我對這個品牌的信任大損，我敢說要是我再去日本，看到明治的產品，下手前，我真會猶豫一下，但是明治的產品那種「可愛」甜美的感覺在我心中是不變的（你心中是不是跟我一樣，冒出明治不二家牛奶妹，伸舌頭舔嘴唇的經典畫面呢？）

我可以預期的是，該公司若要出產新一代的糖果或冰棒，肯定一樣只要冠上明治跟不二家牛奶妹，我心中依舊會有是「卡哇依」的感覺出現。

從這個案例中可以得知，公關跟信任之間，密切十分關係。

我們這本書中主要就是要跟你分享，如何讓消費者在看到你的產品後，也會產生這麼強烈的感覺。至於爭取信任與公司道德操守或社會責任，則不在討論範圍內。

品質等於品牌？

這似乎只會發生在中文的世界裡，因為這兩個詞彙跟產品都有密切關係，而且都是「品」字開頭。

我隨便舉兩個例子就能破除這個觀念，可口可樂跟黑松汽水都是品質很好的汽水飲料，但是品牌知名度強弱差很多。（對不起黑松汽水，我也很喜歡你，但是借我用一下當案例吧！）

有不少知名 3C 產品或是鞋子，都是台灣同一家代工廠代工，其品質差不

多，但是品牌差異極大。

有很多很有品質的產品，其實默默無聞，沒用過的人根本不知道（說不定你用過了也沒印象）。另一方面，很多知名品牌的商品其實一天到晚總是出問題，時不時便得召回一下（為了怕被告，我偏不說是哪一家），但是大家對它還是很印象深刻，甚至消失了一陣還能東山再起（我很期待 NOKIA 能重返市場）。

品質比較像是口碑，這甚至可以用統計跟量化出來（那一堆學生時期學過的品管統計我就不贅述啦）！

但是品牌形象，就像我們對一個人的感覺一樣，很難統計跟量化。

誠信精神，專心把產品做好，會提高口碑與商譽，這是一條必須經營的道路。但是品牌得要有「型」，在企業內外達成共識，並傳播出去，這是另一條要修練的路。兩條路是平行的，基本上交疊之處很小。

我拿演藝人員當比喻好了，會唱歌、會演戲，有實力，這是基本功，是必備修練，而且可以修練一輩子。但是有這些實力也不見得會紅。

有些演藝人員，這些基本功不大好，但是很有「型」，所以很容易引起大家注意，很鮮明，讓觀眾看了就很難忘。

常青巨星，就是擁有上述兩種功夫，這兩種功夫都要練，也不衝突，這也是她們之所以可以常年屹立不搖的原因。

品牌等於美學

「為什麼我們台灣代工跟製造業這麼強大，卻沒有個像樣的國際品牌？」

這個問題這幾十年來，只要有機會就會像 A 型流感一樣，蔓延在各媒體，引發一些討論。差不多是十多年前，我還在工研院創意中心工作的時候，這個問題一堆代工大老居然不約而同給出個答案：「台灣人不懂美學」、「台灣人沒有美感」。

這些慣老闆的大話一出來，又引起一陣撻伐。迪士尼一堆動畫在台灣代工，台灣的創作者也常得藝術大獎、台灣不少產品也常得紅點⋯⋯等等設計大獎。台灣人能做出這些，怎麼會沒美感。

也剛好那時，台灣有一間消費產品品牌商，經常得獎，我把他得獎十幾件得獎產品照片全部放在一起，在上課的時候請學員看看，大家看不出來這十幾件產品是出自同一品牌公司。

這些個別產品美觀又好用，獲得國際肯定，但是「品牌」形象，還是出不來。大家看著這些產品，就是抓不到他們的「型」，沒有「感覺」。

企業大，自然就有品牌？！

2016 年哈雷機車年營收 12 億美金，當年華碩電腦營收 120 億美金，但是品牌的強勢程度，熟強熟弱！？

中國工商銀行總資產 4 兆美金,但是台灣人或是歐美很多人,對他都不認識。但是我們都知道肯德基。甚至有些品牌擁有者,公司經營不大好,但是品牌卻是響噹噹,像是台灣的大同電鍋、藍寶堅尼也曾破產過、金龜車停產過,但是這些讓人印象深刻的品牌,只有有機會打扮打扮再出發,就像一些曾經「出過事」的影歌星,休息一陣子再出發,大家還是會擁抱他們,滿足我們心中印象帶來的思念情懷。

品牌是需要經營跟塑形的,你不用花大錢,我們只要有「原型」的觀念,持之以恆,一定會讓人印象深刻的。

本書的重點就是在協助你建立品牌形象(先在這邊講清楚啦!後面就不要再問類似的問題啦)!

■ 如何使用此書？讀這本書的好處與應用

在寫這本書之前，我已經透過自己開課或是在企業界內部進行了超過五十場的課程或工作坊，因此我也親身經歷本書的內容會對企業有多少幫助。

（1）協助非行銷人員建立品牌基本知識。

這本書裡所舉的案例都是國際級或在華人圈知名的品牌，透過瞭解這些品牌，基本上對於品牌就具備了基本的知識。很多 OEM 代工廠請我去演講，講完之後，很多工程師都開竅了，可以侃侃而談分析品牌。看到許多阿宅走出他的世界，懂得欣賞品牌，我眼淚都快飆出來了。

（2）利用 12 原型達成品牌共識。

這本書講到的 12 原型都是很經典的戲劇角色原型，我多次利用這 12 原型協助多家企業，找到他們適合自己的原型。而且重點是，在討論的過程中，大家可以很「具像」且「快速」達成「有感覺」的共識。短短幾個小時，讓一間幾十年沒有品牌共識的公司，開始有了明確定位，至少知道自己的公司是什麼原型，我也很有成就感，相信你看了這本書，也會很有感覺的。

（3）讓你更懂傳播創意的模型。

12原型大量運用在故事寫作、劇本創作、心理諮商、廣告傳播，看完此書，你會對這些手法、模型有更多的認識，可以協助你在這些領域更上層樓。

（4）分析整體廣告產品資訊，進而變成商業認知養分。

我們每天都會大量地接觸各類產品、服務，也不斷吸收各類廣告資訊。我們花了不少時間在這上面，但是我們就只是個消費者，沒有成為專家。12原型是很棒的分類分析工具，光是把每天吸收的商品廣告資訊，用這12原型直覺分類，就可以為日後商業應用帶來龐大的效益。

（5）讓你擁有豐富的談資。

品牌這門學問好玩的地方是，它可以是很象牙塔裡的高深學問，當然也可以是很生活化的聊天談資。我們生活充斥著品牌廣告，逛街購物的時候，能夠跟朋友對著產品多聊上幾句品牌背後的有趣故事，這是多美好的畫面啊！

本書的每個章節的第一頁下方都會有個 QR CODE，掃碼可以看到本書因為平面或篇幅無法放進的圖片或影片，相信對你也會有很大的幫助的。

站在巨人的肩膀上：12 原型的由來

　　若講白話點，「原型」就是種模型、模式，大陸北方人管這叫「套路」「範兒」。人跟機器一樣，其運作模式，當然人的運作跟機器比較起來，複雜許多。自古至今都有些厲害的大師，試圖去找出這些運作模式……

榮格（1875 ～ 1961）

　　20 世紀的三大心理學家，影響了後世的心理學發展，這三位分別是：佛洛伊德、榮格、阿德勒。其中，榮格提出了原型理論，他主張「一個人的心理雖然很複雜，世界上每個人都是獨立複雜的個體」。但是即便如此，有幾種「原型」或是行為模式還是固定且常見的，我們只要搞清楚這些原型即可。其實一個人的心理與行為，也不過就是這些原型拼湊組合，如此就可以比較快去研究或認識一個人。

喬瑟夫·坎伯（1904 ～ 1987）

　　榮格的理論影響到喬瑟夫·坎伯，喬大叔是個社會學家，家中有屋又有田，生活樂無邊，因此這輩子可以去研究一些冷門學問，像是「為什麼有些故事會流傳千古？」

　　他飽覽古今中外的故事，甚至走訪許多未開化的原住民部落，終於在

1945 年出版他的巨作《千面英雄》。這本書主要是說，古今中外雖然有這麼多故事，但是這些故事都有幾個基本模型，這些故事的角色，大概也不外乎幾種原型。簡言之，順著這幾種故事與角色模型，就可以寫出好故事、好劇本。

但是喬大叔有個缺點，他懂得東西太多了，所以分類很雜亂，並沒有很明確的告訴大家有哪幾種原型，不過這樣也好，後世學者才有再創造與再研究的空間。

20 世紀中葉，自榮格跟坎伯這兩位大師之後，學界跟藝文界的原型理論就大爆發了，大量運用在人格評量、戲劇創作、心理諮商甚至占卜……。我聽過的有 2 種原型、6 種原型、9 種、12 種、24 種、36 種甚至還有 256 種原型。如果你今晚閒閒沒事幹，你也可以研發個「27 種阿宅原型」、「AV 女優的 18 種原型」等等。當然，你搞出來這些原型理論，不是什麼困難的事，如果你想要影響這個世界，你則得要有如下的大成功作品才行。

1970 年代─喬治・盧卡斯 vs. 星際大戰

1977 年，喬治・盧卡斯的電影《星際大戰》暴紅於整個美國，接下來《星際大戰五部曲：帝國大反擊》（1980 年）、《六部曲：絕地大反攻》（1983 年）持續長紅。

1980 年代，全世界注意到了這位年輕導演喬治・盧卡斯，喬治先生每次受訪時都會提到他受到喬大叔的影響很深，甚至跟喬大叔一起上電視受訪。因此，喬大叔在他過世（1987 年）的前幾年，突然間成了一位大網紅，不斷地

受邀在電視上發表言論，其中當然有角色原型這樣的精彩理論。

1991 年──
卡蘿・皮爾森（Carol S. Pearson）與影響你生命的 12 原型

前面幾位大師，也深深影響了卡蘿・皮爾森博士，皮爾森博士是英語博士，對心理諮商有很多的研究，四處開研討會也獲得很多榮譽。1991 年出版的《影響你生命的 12 原型》，發行至今都還持續再版中，由此可見這本書是多麼的實用且具備影響力。❶

皮爾森博士這本書裡面介紹的 12 原型，闡述了一個人心理，還有人一生的成長發展。從剛出生的天真者、孤兒、戰士、追尋者、破壞者一路到統治者智者，整本書很生動的利用這些故事原型，說明我們人生每個時期的正面想望與負面恐懼，書後甚至還附錄一個 12 原型量表。讓讀者透過量表，暸解自己。❷

2001 年──
瑪格麗特・馬克（Margaret Mark）與很久很久以前

皮爾森博士出版《影響你生命的 12 原型》的 10 年後，又跟瑪格麗特・馬克有了新的創作，瑪格麗特・馬克（Margaret Mark）曾是揚雅廣告公司（Young & Rubicam 曾是全球前 5 大廣告集團）副總裁，後來自己開行銷顧問公司。這本書書名有夠長《很久很久以前：以神話原型打造深植人心的品牌》。以前我們看一個品牌的成功，大概都是霧裡看花，似懂非懂，這本書把這些大紅的品牌，跟 12 原型做連結。突然這些大品牌就像 12 個鮮明的人物，站在我們

面前。我們很快的可以瞭解，這些品牌為什麼這麼讓人印象深刻。

這本書把品牌這件事用原型當比喻，一下子品牌這個大學問就好懂多了，即便像我這個沒學過廣告與行銷的門外漢。

2012 年──符敦國在華碩的引導師工作

當時我在華碩的總經理室工作，工作上碰到不少挫折。經過好朋友介紹，拿到《很久很久以前：以神話原型打造深植人心的品牌》這本書，驚為天人，我又逆向回去，把前面幾位前輩的書都 K 完了。

最重要的是，我把產品設計與團隊共識的觀念加進去，開始在 2015 年，四處演講開課。主題就是「12 個故事角色形象，打造有型品牌」。當時我是個剛出道的菜鳥講師，但是我對這個主題十分有把握且信心。不是自我感覺良好，而是這個主題，是建構在前面幾位大神的學術基礎上，我對他們有信心。

這個主題課程，從 2 小時的短講，逐漸發展成 2 天的課程。而我也看到這門課程，對許多正在摸索品牌的企業、團體、新創公司有幫助，我也想效法大師們，有本自己的創作，在這本書裡，可以加入更多新的品牌，新的產業，尤其是華人圈的品牌。我花了四年多的時間，完成這本書（中間大多數的時間在鬼混啦！）相信你認真讀完，一定會大開眼界的。

---

❶ 本書採用的 12 原型的翻譯，跟卡蘿・皮爾森（Carol S. Pearson）有所不同。不是我不忠於原作者，就連卡蘿・皮爾森博士自己出版的幾本書，還有他們公司的網站，對於這 12 原型的名稱也做過好幾次修正，當然台灣這邊的翻譯也就有好幾種版本。我經過課程實驗，整理出我的版本的 12 原型翻譯名稱，這些名稱比較不饒口，大家好記憶，我是實用主義者，好記好用最重要！

❷ 卡蘿・皮爾森博士的評量中有孤兒原型，想當然爾，如果當作的品牌孤兒不大好聽，所以在品牌 12 原型中，換去孤兒，取而代之的是凡夫俗子，這裡跟他的翻譯一致。

12 原型對照表

卡蘿·皮爾森 1992 年 影響你生命的 12 原型	卡蘿·皮爾森 2001 年 很久很久以前	符敦國 2019 年 角色行銷
天真者	天真者	天真者
追尋者	探險家	探險家
智者	智者	智者
戰士	英雄	英雄
破壞者	亡命之徒	顛覆者
魔術師	魔法師	魔法師
孤兒	凡夫俗子	凡夫俗子
愛人者	情人	情人
愚者	弄臣	丑角
照顧者	照顧者	照顧者
創造者	創作者	創作者
統治者	統治者	統治者

PART 1

12 原型與經典品牌 I

- 可口可樂與天真者原型
- Jeep 與探險家原型
- Intel 與智者原型
- 品牌塑造就是「不斷達成共識」的經過
- 品牌行銷就是「重覆,重覆,再重覆......」

天真者

探險家

智者

英雄

顛覆者

魔法師

凡夫俗子

情人

丑角

創作者

照顧者

統治者

可口可樂與天真者原型

無憂無慮的生活，人們總是帶著微笑，彼此相愛過著幸福快樂的日子，好像童話般的生活……這似乎是所有小孩都曾幻想過的情境，直到我們成長的過程中，一次次受到打擊才開始幻滅。

天真者原型，讓我們回想起，我們曾經有過的那美好烏托邦生活幻想。

品牌個性	· **正向**：天真、活潑、自在、歡樂、純真、樂觀、純淨、善良、一致、萌、樸實。 · **負向**：幼稚、不成熟、無知、極端、拗。
關鍵字	純真、歡樂、烏托邦、純淨、單純、無邪、無辜、樂觀。
格言	· 自在做自己。 · 天真不是蠢，只是選擇單純。
經典品牌	可口可樂、玩具反斗城、樂高、旺旺、麥當勞、娃哈哈。
真實經典人物	SHE、盧廣仲、張雨生、早安少女組
經典戲劇角色	米老鼠、泰迪熊、唐老鴨、史奴比、Hello Kitty（一堆卡通人物）。
次原型	兒童、羅莉、頑童、樂活族、屁孩、無辜者。
適合產品、產業服務	飲料、兒童食品、兒童用品、遊樂園、玩具、天然有機食品、環保產業。

每個民族，一定都有天真的童話故事，裡頭有美好的烏托邦的世界，生活完美和諧，人與人之間不會有紛爭。如同《阿甘正傳》裡的阿甘，一直是個單純善良的人，雖然生命起起伏伏，會碰到許多挫折與困難，但是他都能安然渡過，堪稱是現代版經典童話。

這類童話在各個世代，用不同的語言與面貌出現。當今傳媒廣告無處不在，這類故事當然也不會間斷⋯⋯。

聖誕老人從哪來？

「聖誕老人長什麼樣子？」

你可能會回答：「長得胖胖的，穿著紅衣服，留著銀白色的頭髮與茂密的鬍子，並且會發出『呵！呵！呵！』的經典笑聲。」

這樣的形象是從什麼地方流傳出來的呢？

你可能會回答：「這不是北歐古老的傳說嗎？」

其實聖誕老人原型是來自西元 3 世紀末土耳其的一位主教：聖‧尼古拉斯（Saint Nicholas）。這位主教樂善好施，傳說經常在寒冷的冬夜帶著食物與禮物，分送給可憐窮苦的小朋友。所以他過世之後，被教會封為「聖人」，後來在歐洲流傳成為聖誕老人的原型（其實～跟北歐沒啥太大關係，不是每個神話都跟雷神索爾有關。）

可口可樂與天真者原型

都是可口可樂搞出來的事兒

1930 年代,可口可樂在美國冷飲界,已經算是站穩龍頭地位,但是在那個年代,並不大會有人想在冬天喝可樂,可樂冬季銷量不佳。

可口可樂為了讓美國人也願意在冬天喝可樂,於是想盡辦法來行銷。而歐美冬天最重要的節日當然非聖誕節莫屬。在此之前,可口可樂也畫過聖誕老人的形象海報,不過都不大討喜,沒有造成什麼轟動。

1932 年,一家經銷商聘請當時頗具盛名的插畫家海頓‧珊布(Haddon Sundblom)為可口可樂畫海報。在此之前的聖誕老人,穿著與形象並沒有固定形式,衣服有藍、有綠也有紅,反正就是一個教會溫暖大叔的志工形象。所以通常也不會太胖(畢竟身為志工,若吃得腦滿腸肥,似乎也不大合理)。

海頓在幫可口可樂畫插畫時,刻意選擇可口可樂的紅色,當作聖誕老人的穿著,於是我們今天熟悉的長得胖胖的,穿著紅白相間衣服,有著寬厚皮帶的聖誕老人就此展現在世人面前。

這海報在市場反應相當好,此後三十年,可口可樂幾乎年年都會請海頓‧珊布來繪製同一系列海報,老美就這樣被洗腦了三十年,自此聖誕老人的形象就被可口可樂與海頓‧珊布給定義下來了。

後來的事你也知道了(不知道你也點頭裝懂一下),可口可樂隨著強勢的美帝政權行銷到世界各地,海頓版的聖誕老人形象也跟著可口可樂傳遞到全世界,尤其對一些非基督教文化的地區,可能首次接觸到聖誕老人,就是可口可

樂帶來的形象，這真是比《聖經》還可怕的傳播。

山丘廣告

可口可樂除了塑造聖誕老人之外，還有另一項行銷奇蹟—山丘系列廣告。1970 年代，對美國及全世界而言是最慌亂的年代：看似越陷越深的越戰，十幾年下來傷亡人數不斷攀升，美蘇冷戰、東西德分裂、南北韓對峙、中東地區以色列跟附近阿拉伯國家關係緊張衝突不斷，似乎第三次世界大戰一觸即發（當時兩岸關係也不好，老蔣跟老毛還在拚個你死我活）。

在這個慌亂的年代，可口可樂拍了一系列以山丘做為背景的廣告。這些廣告以現在的角度來看，很乏味，這些廣告的基本模型是：

（1）一群世界各種族的年輕人
（2）在一個山丘上
（3）一起唱歌一起喝可樂
（4）配上一首歡樂的口水歌

但是，這些廣告散發出來的天真烏托邦訊息，剛好跟當時烽火連天的動盪世界有著明顯對比，這一系列的廣告在世界各地造成很大的迴響，甚至在不同的國家還推出不同的版本（但是上述基本四要件卻一致），這一系列廣告後來也在各廣告科系中變成教科書經典，這廣告在美國播了六年才下架。

這系列廣告也引領美國及飲料產品行銷有了很大的轉變。上世紀早期的廣告不外乎一直告訴消費者，我們的產品多好用，跟對手比起來有多棒。以可樂

類飲料為例，不外乎告訴消費者，夏日炎炎，喝罐可樂消暑解渴；可樂可以搭配許多美味食物，廣告後來逐漸脫離人類的生理需求，改走更形而上的心理需求，像是可口可樂的聖誕老人廣告，這個廣告訴求只是要告訴消費者，聖誕節跟可樂的感覺很搭配。

像是可口可樂的山丘廣告，根本沒告訴你可樂喝起來如何，也沒有猛喝狂飲的畫面，這也讓後世的廣告從業人員，開了腦洞開始跟消費者溝通感覺，那麼這種感覺該怎麼找，怎麼形容，怎麼溝通，就成了廣告從業人員最痛苦，但也是最有成就感的挑戰。

麥當勞 vs. 麥當勞叔叔

1940 年：理察和莫里斯·麥當勞兄弟在美國加州) 創立「Dick and Mac McDonald」餐廳，是今日連鎖麥當勞餐廳前身。

1955 年，連鎖的麥當勞由創始人雷·克洛克（Ray A. Kroc）在美國芝加哥近郊成立，現在全球有超過 36,000 家餐廳，遍及超過 100 個國家地區。1950 年代麥當勞在美國強調生產線式的低成本生產流程，主打家庭用餐，但是並不會讓人覺得很「天真活潑」。

麥當勞的連鎖加盟管理，也允許美國各地的加盟業者，提供意見供總部參考，1960 年代，美國首都華盛頓特區熱門兒童電視節目找了個馬戲團小丑威拉德斯科特（Willard Scott），拍廣告，並在在節目中穿插播出。

　　後來這位小丑也有了名字：羅納德‧麥當勞（Ronald McDonald）。1966年，麥當勞叔叔的形象定型：頂著火紅的爆炸頭，大紅嘴巴笑口常開，鮮黃色的連身工作服及紅色的大底短靴，紅白相間條紋式樣的襯衫及襪子。他一開始是出現在美國地方電視台廣告。麥當勞叔叔一炮而紅，緊接著，他開始出現在美國全國電視廣告及各種媒體裡，而且有越來越多的配角跟著麥當勞叔叔一起創造歡樂。

　　甚至有研究指出，麥當勞叔叔在世界兒童心中的形象、知名度僅次於聖誕老人（我在前面說過，聖誕老人是可口可樂搞出來的，美式行銷真是現在的神話故事製造者。）

　　即便是有了麥當勞叔叔，如果你去美國的麥當勞感受一下，肯定不會覺得美國的麥當勞具備台灣版特有的天真感，這也是麥當勞在世界各地行銷方式有所差異的目的。美國的郊區是中產階級家庭的居住與消費所在，平日中產階級，開車去城裡上班，晚上或假日，就開車在郊區的餐廳或賣場消費。在這種郊區開設「汽車餐廳」，既是一種經濟模式，也形成一種文化。

　　麥當勞一開始就是定位在這樣的郊區汽車餐廳，1969 年，以同樣的手法前進荷蘭時，開在郊區的麥當勞卻是乏人問津，一敗塗地……。

麥當勞 vs. 小朋友行銷

　　當 1971 年，日本人藤田田引進麥當勞時，就記取了這樣的教訓。因為日本跟美國不一樣，中產階級大多住在城市裡，麥當勞不適合開在郊區。所以在

日本的麥當勞特別針對小朋友打廣告，廣告裡的麥當勞充滿歡樂，是個溫馨歡樂的地方，於是小朋友就會帶著爸媽一起來。這樣的廣告行銷手法，後來也應用在新加坡、台灣等地。

1970 年代中，約蘭達・費爾南德斯・科菲尼奧與丈夫在瓜地馬拉的麥當勞分店工作並且創作出兒童餐，內含漢堡、小包薯條與小聖代，好讓母親能夠方便餵食給小朋友。這個點子後來引起芝加哥總部的注意，總部為兒童餐設計了精美的盒子，上面印製可愛的圖案，搭配可愛的玩具，並且取名為快樂餐（HAPPY MEAL）。1979 年正式推行到全美各地（爾後繼續荼毒世界各地的父母）。

別的地方我不知道，至少我身在台灣，年幼的我的確常常吵著要爸媽帶我去麥當勞，現在換我被下一代騷擾，吵著要我帶他去麥當勞。（唉，冤冤相報何時了……）

麥當勞與天真元素

同樣是速食連鎖業，麥當勞在小朋友心中的形象是如此強烈，你可能會說：「他們有送玩具啊！」但若你只會這麼分析，那也未免太 LOW 了！畢竟有送玩具的餐廳很多，也不見得跟麥當勞一樣讓人印象深刻。這邊我把我上課統計過，大家認為麥當勞符合天真者原型的元素集合一下，大家應該就會更了解：麥當勞兒童餐、兒童餐所附的玩具、兒童遊戲區、生日 PARTY、麥當勞裝潢的用色、麥當勞叔叔、麥當勞叔叔基金會（連做公益都很天真）、麥當勞員工的穿著、偶爾遊戲化行銷。

由此我們不難發現，品牌是很多很多一致元素不斷衝擊消費者之後所留下的深刻印象，麥當勞（尤其是台灣的麥當勞）在這方面做得很純粹、很一致，所以台灣一代代的消費者都印象深刻。

天真者原型，全世界通吃

歐美品牌進軍到其他國家，很多都需要重拍廣告，但天真者原型沒有這樣的煩惱，世界各國似乎對於天真的人事物，都有共同的詮釋。

像是可口可樂的山丘系列廣告，在世界各地播出時都獲得很好的迴響，幾乎不用做任何修改。同樣的模型放到世界各地去播放，一樣受到歡迎。而具有天真者原型的元素像是：小貓、小狗、小熊、小孩，用這些來當代表物，在世界各國似乎都說得通。

純淨代表—熊寶貝

「熊寶貝」是 1983 年聯合利華旗下新創的品牌，熊寶貝的英文 Snuggle 翻譯成中文是「蜷伏、依偎」的意思，尤其是指孩子依偎在母親懷裡，或是形容寵物蜷伏在主人懷裡，我想光是用文字說一說，那畫面就很可愛了。

在熊寶貝的廣告裡，總會出現一隻可愛的小熊，對著衣物、毛巾又蹭又躺的，管它說了

■ 熊寶貝的英文 Snuggle 翻譯成中文是蜷伏、依偎的意思，光是用文字說一說，那畫面就很可愛了。

什麼，我們都很喜那樣的畫面，也希望能跟小熊一樣，窩在柔軟的衣物堆裡 Snuggle 一下。買不到這麼可愛的熊，至少我們買得到衣物柔軟精或香氛袋，再腦補一下廣告畫面，滿足感大增。

黃金獵犬與衛生紙

熊寶貝不是第一家成功利用寵物來代言而大賣的廠商，早在 1972 年，衛生紙大王金百利克拉克（Kimberly-Clark）、英國的皇冠衛生紙（Andrex）就開始採用黃金獵犬的幼犬來拍廣告。

這類廣告，就算你不點開觀看，你也大概知道會怎麼拍：小狗狗玩弄著又柔、又軟、又白的衛生紙，一不小心，就把滾筒衛生紙扯開來了（順便展示衛生的張力），狗狗跑跑跑，一不小心打翻水，衛生紙剛好展現超強吸水力。

金百利把這樣的意象推廣到全球市場，似乎人人買單，在各地把衛生紙改成當地人慣用的滾筒式、抽取式、廚房紙巾；家庭環境改成台灣的公寓、日本的和室、加拿大的洋房即可，反正可愛的黃金獵犬幼犬不變就是了，四十多年來，這樣的印象不斷地洗腦著全球消費者，你會因此厭倦嗎？

天然有機，回歸純樸

這幾年，歐美吹起了天然風，什麼東西都要天然，穿的、吃的、喝的，這種回歸自然的風潮，也順勢推動天真者原型品牌。

這類品牌的產品設計大多走簡約風，顏色樸實不花俏，加上強調自然工法

甚至純手工製作，種植作物的過程沒有施加化肥與農藥，有時甚至會標榜栽種的農夫還是最純樸的當地原住民，包括強調公平貿易，也是一招。

這些回歸純樸、純真的感覺，也是天真者的一種特徵。

天真不是幼稚，而是單純、簡單

說到天真者，大家可能想到就是小朋友、兒童，會將它與幼稚、無知、玩具聯想在一起。但若只是這麼想，那真的就太淺了⋯⋯

很多人長大了，但是想法還是很「天真」（我們身邊應該不少這樣的人）。像是會相信「好心有好報」、「老天是公平的」、「努力一定會成功」、「世界上一定會有一個屬於我的另一半」。這些想法大多具有一個共通特點，都很「二元化」，不是對就是錯，非黑即白，就像幼稚園老師與小朋友的對話一樣。

師：「把拔、馬麻的話是不是一定要聽？」

小朋友：「要」

師：「警察跟老師都是好人，對不對？」

小朋友：「對」

師：「要不要把餐盤裡的食品都吃光光？」

小朋友：「要」

師：「說謊是不是對的行為？」

小朋友：「不是」

這些問題在我們長大以後，多半都會產生灰色地帶的思考。爸媽的話不一定是對的也不一定要聽，壞警察、爛老師大有人在，餐盤裡的東西吃光？那要看我有沒在減肥還有好不好吃。不說謊？希望你在社會上能活超過 3 天。

如果你的企業或是產品，還是很強調一些我們幼時就深信的價值像是：「誠實至上」、「堅持手工」、「絕不添加化工香料」、「小朋友也會操作」，那麼你的產品、服務或企業品牌，使用天真者原型，很合理。

像是公平貿易農產品，也是經典案例。如果按照市場經濟法則，在產銷的過程中，資訊不對等就會造成價差，因此，中間商可能會賺得比原生產者多出好幾倍的利潤。但是即便經濟學這樣告訴我們，總是有人會很「天真」地覺得這種現象「不公平」，因為真正努力的人似乎沒有獲得應有的報酬。也因此，催生了「公平貿易」這樣的制度，透過這個制度創造了國際公平貿易認證標章，而這標章當然也是一個品牌。

國際公平貿易認證標章的農產品，似乎也很天真，像是：咖啡、茶葉、巧克力、可可、糖、水果、穀物（真的都很天真，不是嗎？）但是請容我問一句：「為什麼沒有煙草或酒呢？」我可以想像得到，在中南美洲種煙草的農夫，肯定是被香煙大廠給壟斷的可憐人，他們獲得的利潤，跟萬寶路、555 比起來，一定是微乎其微，他們也很需要國際公平貿易的協助。但或許香煙這產品實在是爭議很多，一點都不可愛，甚至還帶著許多罪惡感，若把它納進國際公平貿易認證，對於國際公平貿易認證標章這個品牌，肯定是壞處大過好處。

在此我也丟個問題讓大家思考一下，若順著上述邏輯思考，社會企業是否

也適於天真者原型呢？

強調純淨

寶橋（P&G）集團下的 IVORY 象牙香皂，這是一間超過百年的企業生產的經典商品，廠商始終強調這款香皂的純淨。

■ IVORY 象牙香皂是隸屬寶橋（P&G）集團下的商品，這間發展逾百年的企業，始終強調香皂的純淨。

這個品牌華人圈可能不大熟悉，不過講到它，就算你沒接觸過這個品牌，你大概都會想到，如果要為象牙香皂拍廣告，可以找父母幫嬰兒洗澡，當然最後要用白白的毛巾擦乾身體，寶寶露出天真開心的笑容；或是媽媽跟小孩一起洗滌，入鏡的每一雙柔嫩的雙手都拿著象牙香皂搓洗衣物，有時還拿著泡沫彼此玩耍起來……。這種天真形象看似陳腔爛調，毫無創意，但是，你跟我就是會買單。

鄰家男孩，鄰家女孩

華人演藝界天真者的女子團體，你會想到誰？ S.H.E.

還有誰呢？你大概想不出來了吧！很可怕吧！

韓國、日本女子團體你應該可以說出一大堆，但是這三個天真的女生，獨霸華人女子團體二十年，這真是台灣的經濟奇蹟啊！

這麼多年來，消費者對偶像的品味，一直在變，但是「鄰家男孩、鄰家女孩」這種原型，一直很吃香。像是：

1990 年代：張雨生、小虎隊、葉蘊儀、松隆子、酒井法子、早安少女組
2000 年代：盧廣仲、SHE、日本的 SMAP、AKB48、早安少女組
2010 年代：王心凌、陳妍希、劉亦菲、早安少女組

陽光般的笑容，親和力，平易近人，心地善良、真誠質樸、外表乾淨、五官較平淡、身材有一點矮小反而很能被接受，整體給人的感覺是清新明亮又溫暖，如果還帶有一點點熱愛戶外運動的 fu，那也挺好的。此外，最好也能帶點小迷糊、偶爾出現一些無厘頭的言語。

觀察與建議

天真者原型，是我覺得看來最沒有攻擊性，但卻又最強勢的品牌。這本書所講的 12 原型，我們從小到老的成長過程中都會經歷過，如果你要問哪一個原型是大家都曾經歷過且有印象的，那麼肯定非天真者原型莫屬。畢竟每個人都曾經年輕過，每個人都有童年。

可口可樂這間百年企業，一直是飲料業的龍頭霸主，它的主要形象就是天真者原型。紅遍兩岸三地的女子團體 SHE 也是天真者原型，很多強調單純、純淨的產品，都喜歡使用天真者原型。

天真者原型能夠在商場上為企業帶來的利益，可是一點也不天真。正所謂

天真不等於幼稚，如果你的企業很純真質樸，產品與服務橫跨年齡層極廣，那麼肯定也會非常適合天真者原型。

冷知識五四三

1984 年，麥當勞正式進入台灣。

藤田田不但為日本人引進麥當勞，就連玩具反斗城也是透過他引進日本的。

Jeep 與探險家原型

人類與生俱有愛探索的天性，也因為人類基因裡的這種探險因子，讓人類可以躲過很多天災不致滅絕，在演化鬥爭中勝出，成為主宰地球的動物。

試想，一萬年前在人類的原始聚落裡，大家本來安安穩穩的補魚、狩獵、採集附近的食物，偶爾有猛獸來襲，人類懂得使用火及武器抵禦。但是一場大暴雨過後，把附近的植物都淹沒了，動物消失大半，食物短缺，經營幾個世代的部落，已經不適合人居住了，此時就需要具有探險家精神的人，走出部落冒著風險，找尋適合族人們的天堂樂園。

後世子孫們也會代代相傳這樣的冒險事蹟。

品牌個性	·正向：找尋、探索、嚐試、冒險、勇氣、開創。 ·負向：不定、孤立、空虛、風險、飄搖。
關鍵字	探索、冒險犯難、探險、發現、未知、風險、山、海、自然、天然、露營、原住民。
格言	·有冒險才有希望。 ·找尋上帝給予的應許之地。 ·這是我的一小步，卻是人類的一大步。 ·因為山就在那裡。 ·世界這麼大，我想去看看。
經典品牌	NORTH FACE、JEEP 約翰走路（Johnnie Walker）、Amazon（亞馬遜）、國家地理雜誌、DISCOVERY、NASA、EXPEDIA
真實經典人物	哥倫布、鄭和、張騫、玄奘、王石、理查·布蘭森（Richard Branson）、王石、尼爾·阿姆斯壯。
經典戲劇角色	印地安納瓊斯、海賊王、湯姆歷險記、星艦迷航、白鯨記、各種遊記。
次原型	浪子、旅人、探子、拓荒者、傳教士、掏金客、牛仔。
適合產品、產業服務	登山野營用品、衣物、鞋子、背包、鞋、釣具、手錶、相機、攝影機、望遠鏡、太陽眼鏡，改造成能隨身攜帶的產品（隨身聽）、旅行箱、旅遊、資訊、導航（GPS）、通訊、原木產品、交通工具、運輸業、航空業。

登山野營用品

探險家品牌是很鮮明的品牌，一講到這裡，街邊或是百貨公司專櫃裡的一堆戶外野營用品，肯定馬上映入腦海中。像是「北面」（North Face）、添柏嵐（Timberland）、始祖鳥（Arcteryx）、探路者等皆是。

這些產品通常沒有累贅多餘的裝飾，可靠度高，穩定性強，具有高機能性，像是：快速吸濕排汗的布料、強壯堅固的拉鍊可以經得起拉扯、巧妙順手的背包口袋設計，讓你不用花太多時間就能找到小刀或拿到水壺。

訴求簡單的線條，顏色則多半選用大地色系，這麼簡單訴求的產品，我們心裡明白，他們的價格從來不簡單，顯然這些廠商打中了消費者心中某個重要的點……。

吉普 I live. I ride. I am. Jeep

二戰後，美國五星上將艾森豪（也是後來的美國第 34 任總統）曾經評價過，如果沒有 C47（運輸機）、吉普車、登陸艇，美國將無法打贏二次世界大戰（反正贏家怎麼說都對啦，毛澤東也說是小米加步槍打贏了解放戰爭。等等，原來「小米」這個品牌也是當年毛主席就已預言過的囉……。）

時至今日，吉普車也是經典的品牌之一，而且品牌名稱變成了這類越野車的通用的產品代名詞，聞名全球。

關於吉普（Jeep）這個名詞的由來，傳說很多，可能比陳冠希流傳在網

JEEP 與探險家原型

路上的影片還多，較普遍的說法是：二次大戰期間，美國陸軍希望美國汽車商提供一款輕型指揮偵察全輪驅動越野車，設計重點是必須達到多方面通用功能（General Purpose），英文簡稱 GP，GP 後來就諧音變成了 Jeep。

其性能指標如下：要能快速大量生產，簡易組裝維修、成本要低，好供給美國陸軍或支援那些被打得只剩半條命的盟國使用（英國、蘇俄、中國都曾大量接收過吉普車。）

1941 年 7 月，Willys-Overland Motor Company（威利汽車 Jeep Wrangler 的前身）在 49 天內完成設計推出測試車，也順利獲得訂單。二戰期間，美國總共生產了 65 萬多輛吉普車，這些車輛不只在美國，也大量出現在北非、歐洲、蘇聯、中國及太平洋戰場，隨後也出現在日本與韓戰及美國在世界各國的基地。

二戰時期，盟軍名將們像是麥克阿瑟、巴頓等人，坐著吉普往來前線鼓舞士氣，這些畫面被記者拍下並刊登在各大媒體上，可說是當年出名的戰爭網紅啊！而這些照片無形中讓 Jeep 搭了順風車，進行置入性行銷，而這些肩上堆滿星星的將軍們，順勢成為了最佳代言人。

■ JEEP 的 LOGO 搭配上水箱柵與頭燈的經典配置，多麼讓人印象深刻的畫面。

二次大戰後，大量的吉普車像大便一樣（太不文雅了，應該說像黃金一樣，等等……黃金跟大便不是一樣嗎？）遺留在世界各地，Jeep 成為全球越野車的代名詞。

1945 年，二次世界大戰結束，美國將大量多餘的吉普車賣給退役返鄉的軍人，銷量出奇的好。甚至在 1946 年初，有兩萬多老兵在紐約港爭相搶購 100 輛退役二戰 Jeep，由此可見吉普車在美國男人心中佔有多麼重要的地位。這讓威利汽車發現到 Jeep 在廣大的民用市場上也有無限商機，於是順勢推出民用版的 Civilian Jeep（簡稱 CJ）。

Jeep 對二次世界大戰的影響深遠，因此為了擁有 Jeep 這個品牌名稱，在二戰還沒結束前，便有好幾間汽車公司開始為了爭取商標權而鬧上法院（都說婉君表妹是我的）。直到 1950 年，威利汽車才正式將 Jeep 註冊成功，給了這個知名品牌一個正室的名份。

後來這幾十年，威利被幾間國際汽車大廠買下又賣掉，不過慶幸的是，Jeep 這個品牌卻一直被保留了下來。

現代遊牧— SUV 的發起者

都市化的結果，我們無法騎馬牧羊像大漠兒女一樣馳騁四方。既然不能騎馬，我們改開車總行吧！

1980 年代，Jeep Cherokee 帶動美國運動休旅車 Sport Utility Vehicle（SUV）流行風潮，許多車廠也紛紛推出運動休旅車，一些讓駕駛坐在地上開的低底盤跑車商（像是保時捷）、打死不願生產 SUV 車的車廠也都開始生產 SUV，二戰結束後四十年，Jeep 又再次開創出一個新的產品線，真是會很搞事的一間車廠啊！

Jeep 這個品牌，可能進不了品牌前一百大，營業額、使用者跟那些大車廠相比也是小巫見大巫，馬桶比水庫。我之所以想收錄在這邊，不是為了騙稿費，而是它的故事及文化影響力確實很值得當教材。本來只是一款通用軍用越野車的簡稱 Jeep，搖身一變成為大多數美國參戰軍人的重要回憶，甚至到後來更變成同型車越野車的代名詞，衍生成為 SUV 車種的前身，到了今天，還有許多衣服、包包等衍生產品不斷推出，經典地位，實在不容忽視。畢竟 Jeep 代表著美國人冒險犯難的精神，也是探險家原型的經典代表（馬的～又是個美國貨，本書後面還有許多美國貨讓你慢慢嗆。）

約翰走路（走了這麼多年，你老兄不累嗎？）

創始於 1820 年英國的蘇格蘭威士忌老字號「Jonnie Walker」，一開始只是一家小雜貨店，創辦人約翰・華克（John Walker）在店裡賣調和威士忌，後來 #$%.（鏡頭快轉）他就調出很厲害且好喝的威士忌，並且開始走紅於蘇格蘭。正所謂虎父無犬子，約翰華克的兒子繼承家業之後，調製出「陳年高地威士忌（Old Highland Whisky），也就是後來大名鼎鼎「約翰走路黑牌」的前身。

1909 年，家族第三代喬治華克與亞歷山大二世接掌家族事業，華克家族開始以 Jonnie Walker 作為品牌名稱，並請了知名插畫家畫出我們熟悉的一個戴著禮帽的男人，拿著手杖「邁步向前的紳士」（Striding Man）標誌。

■ 1908 年 的 logo 細節比現在的版本多很多

KEEP WALKING

我是個滴酒不沾的人，我知道的酒類品牌不多，不過我對約翰走路 KEEP WALKING 的品牌印象卻十分深刻，這一切都得歸功於約翰走路的母公司 DIEGO（帝亞吉歐）在 1999 年的努力。

1999 年之前的前三年，Jonnie Walker 的狀況不好，銷量跟市場占有率雙雙下滑，帝亞吉歐明白自己應該要做些事情來挽救這個品牌與公司。但是說得容易，真要把這個超過百年的英國傳統威士忌品牌推向世界，變成人人推崇的標誌性品牌，這實在不是一件容易的事。

（1）Jonnie Walker 已是世界知名，累積了百年名氣的產品，帶給人們許多美好的印象，這是珍貴的資產，不能亂改。

（2）這個新的意象要能在全世界流傳通用，簡單易懂不能只是英國佬自己看了爽就行。

（3）這個新意象要能確保世界各地的經銷商、廣告商都願意一致遵循，不會讓全世界的工作夥伴各自解讀，讓品牌行銷變成多頭馬車。

KEEP WALKING 獨樹一格

大多數的烈酒品牌或是產品名稱，都是採用統治者原型來行銷，像蘇格蘭皇家威士忌、皇家禮炮、拿破崙干邑白蘭地等皆是。當然這也跟發源自中世紀歐洲的釀酒文化有關，畢竟在那個時代，好酒都是貴族、王室或是修道院才能釀造出來的。而約翰走路草創時期使用英國紳士 LOGO，也讓人覺得這很貴族

的感覺。但是隨著時間推移，品牌逐漸淡化了貴族的感覺，開始轉向探險家原型，這在烈酒市場中顯得很獨樹一格。

帝亞吉歐做了不少市調與研究，發現 21 世紀的男性關心的是「下一步的成功該往哪裡去？」，然後（快轉～因為我也查找不到資料）他們就想出了 KEEP WALKING 的標語，一推出即大獲好評。

KEEP WALKING 的奇蹟

想出這兩句標語的人還真是個鬼才，真該給他們頒個諾貝爾獎或是金酸梅獎之類的鼓勵。帝亞吉歐在 1999 年採用 KEEP WALKING 之後，整體廣告形象開始有了既簡單且一致的方向。

你在 Youtube 上可以查詢到世界各地經銷商拍的 KEEP WALKING 廣告或宣傳活動。有了 KEEP WALKING 這麼鮮明的意象，世界各地的經銷商就可以一方面發揮在地創意，但另一方面又不會跟母公司的形象產生落差。

經過一番努力，KEEP WALKING 在世界各國都有精彩且一致的廣告與行銷活動，整體銷量與市占率都大幅回升，銷售量從 1999 年的 1,020 萬瓶增加到 2007 年的 1,510 萬瓶，全球收入增長 94% 達到 45.6 億美元，這真是品牌成功大轉型的經典案例。

如果你是高科技產業，探險家原型還會帶給人一種「我走在人群的前面」、「我先走幫大家探路」、「我先把路走出來」、「這個未知的領域我先來探索」

的感覺。下面這幾位網路創業人士，在開創新事業取名時，似乎都有這樣的意念。

坐在電腦前探險─亞馬遜 vs. 雅虎

1994 年，貝佐斯希望能將公司以 A 開頭進行命名，這樣在按字母排序的列表中就能更快地映入人們的眼簾。（許多 A 開頭品牌企業，都有這樣的如意算盤。）

後來貝佐斯決定使用「亞馬遜」，因為他覺得這名字「富有異國情調且與眾不同」。依流域面積和流量來看，亞馬遜河也是世界上最大的河流，這展現出貝佐斯對這家新創公司成為「世界第一」的抱負與理想。

Yahoo！

1994 年 3 月，史丹佛大學的兩位研究生大衛・費羅（David Filo）和楊致遠（Jerry Yang）將原本的「傑瑞的網路指南」更名為「Yahoo！」。

Yahoo 的含義是「另一個層次化的、非正式的預言」的簡寫（Yet Another Hierarchical Officious Oracle）（我也搞不懂這是啥鬼？）。但是大衛・費羅和楊致遠也曾解釋，他們之所以用 Yahoo 這名稱是因為《格列佛遊記》中的 Yahoo 而來。在這本小說裡，Yahoo 是由具備智慧、性格冷靜的馬群所飼養的一群類似人類的動物，這些跟人很像的動物，個性粗暴、原始、讓人噁心，喜歡到處去挖掘並收集漂亮的石頭。（我持續搞不懂）

或許這兩位 Yahoo 創辦人跟亞馬遜的創辦人貝佐斯一樣，想弄個「富有異國情調且與眾不同」的名字（而且他們都是 1994 年創業的，巧不巧！？），所以成功催生了這個品牌！

這邊講了一堆故事，不是為了騙稿費，重點是貝佐斯的直覺，如果你希望你的品牌形象「富有異國情調且與眾不同」，那麼探險家原型，肯定會是你很好的選擇。

探險家原型的企業家

世界各民族，似乎都很樂於傳播冒險犯難的探險故事，全球都有行腳型冒險故事：像是 XXX 遊記、XXX 歷險記，像是格列佛遊記、大唐三藏法師取經記、愛麗絲夢遊仙境、湯姆歷險記、綠野仙蹤。

一行探險隊，主動訂定目標（西遊記）或被迫離開家園（綠野仙蹤）開始他們的旅程，作者發揮創意，帶領讀者觀看沿途發生的奇人奇事，這對於崇尚探險精神的人來說，即便任務失敗，我們依舊都會給予高度的尊重。

中國的理查・布蘭森 ❶：王石（等等⋯⋯理查・布蘭森是誰？？）

王石是在中國是無人不知的地產大亨，萬科集團創辦人及董事會主席（現為名譽主席）。王石從事地產開發，跟我這個台灣人沒有太大的關係，但是這位有點「不務正業」的企業家，實在是太吸引我的目光了。

首先，我要先對大家講述一下這位大叔成功發跡的故事：王石的萬科集團

---

❶ 理查・布蘭森這個人也很顛覆者，請看主原型、副原型該章節說明。探險家原型是很鮮明的品牌，要去模彷參考，有非常多的業界成功先例可以仿傚，可以適用的行業也很廣泛，寫在本書的前面，讓大家比較容易進入狀況。

是中國大陸第一間成功的地產開發商，1988 年在深圳的股票上市的時候，他們公司的股號是万科 A（代碼為 000002），看股號就知道，他們是第二間上市的。當年 2,800 萬股，每股 1 塊錢。經過中國三十年經濟及房地產井噴式的成長，萬科成長為市值超過 4,000 億人民幣的大集團。

成功有錢的企業家，到處都有，我這邊特別要講的是關於王石的探險家形象與事蹟。

首先是這位企業家的出身，他在文革時期被派發到新疆去當汽車兵。這段經歷在他後來成功之後，被當作年輕時重要的歷練被反覆報導。

王石在 1980 年代，早期改革開放的企業家中，也算是探險家級的，早年開過各種小公司、小工廠，也是具規模的第一代房地產開發商，王石的許多故事，都離不開土地，當然最後讓他大成功的，也是在中國各地開發土地。王石在事業上的成功，似乎不是媒體的焦點，那一代中國企業家，只要抓對產業、抓準時機，想不成功也很難啊（我的另一層意思就是現在正在看這本書的年輕人，你生不逢時啊！）

1998 年，47 歲的王石第一次嘗試飛飛行傘（大陸叫滑翔傘），三年後，他在西藏青朴創造了中國飛飛行傘攀高 6,100 米的紀錄。這位有錢的大叔中年過後，就像打了雞血開外掛一樣。2003 年，他登上珠穆朗瑪峰，成為登上珠峰年紀最大的中國大叔。自此掀起了一堆年輕中國企業家都要去登珠峰的風潮，身為一間小顧問公司小老闆的我，這時不禁為我們的玉山只有 3,952 公尺感到慶幸。

從 2002 年開始，王石就開始籌劃他的「7+2」（七大洲最高峰和南北兩極）計劃，三年後，他抵達了他最後一個目標—南極點，成為世界少數完成這樣成就的有錢人，是說探險家，有錢人就是任性啊！有錢你想當什麼家都可以。但這樣的有錢人通常不愛拋頭露面，行事低調，頂多會在必要的時候幫自家服務或產品站站台，表達對自家同仁工作的支持，或是爭取股東的信心。不過像他這麼愛四處探險的成功企業家，很難不成為媒體寵兒，於是乎，他也時不時就幫一些品牌代言，像是：

2009 年，擔任「探路者」形象代言人

2013 年，為「百年靈」手錶代言

2014 年，王石當選「亞洲賽艇聯合會」主席

2016 年，為「線上移動辦公平台 - 雲之家」代言

2017 年，為「Jeep 大切諾基」代言。（探險家企業家幫探險家汽車代言，棒透了！）

王石在中國企業領導人這個圈子，著實是個鮮明的探險家代言人。

維珍集團：理查 · 布蘭森

理查·布蘭森比王石大一歲，我不確定兩位企業家有沒碰過面，但是中國媒體很喜歡說王石是中國的理查·布蘭森，所以換句話說，這位企業家應該比王石更狂野……。

1950 年，理查出身在英國的中產家庭，父親是律師。母親也是個很狂野的女性，在那個保守又男權至上的年代，居然從事滑翔機教練，從這就知道，

光是胎教就注定理查會是個探險家了。

跟那些大學念一半就休學的大企業家比起來，理查更屌，因為他根本不進大學，16 歲的時候就在高中裡辦起了學生雜誌，這雜誌就叫《學生》（Student）。只是辦雜誌賺不了什麼錢，所以他就乾脆在雜誌後面附上郵購單，販售當時所有年輕學生都會有的剛性需求：唱片。接著，又因為唱片不小心進貨太多，所以又順勢開起了唱片行，而開了幾間唱片行後，乾脆自己簽歌手來發唱片……，做著做著─大名鼎鼎的「維珍唱片」就這樣催生出來了！維珍集團也跨足英國很多民生企業，也都獲得很大的成功。

1984 年，有人找上理查‧布蘭森，勸說他何不搞一間廉價航空來玩玩？沒想到，理查‧布蘭森聽進去了，也就這樣玩下去了，玩到後來虧損連連，只好把維珍唱片賣給 EMI。自此，維珍大西洋航空就成為他的事業主力。

理查‧布蘭森在英國一直是很是爭議性的企業家，夠年輕又夠狂，當然也是媒體寵兒。理查也樂得用自己的媒體魅力，幫自家公司的新業務曝光做廣告。1984 年維珍大西洋航空成立之後，他當然很努力地找梗，好幫自家航空公司做宣傳。

理查‧布蘭森的冒險

他參加的第一項冒險是為英國奪回「大西洋藍帶獎」（The Blue Riband of the Atlantic），該獎是頒給以最快速度穿越大西洋的商務海上航行者，而此獎之前被美國人霸佔多年。

1984 年，快艇「維珍挑戰者號」第一次航行，在離岸還有 100 多英里時，船被狂風暴雨打成兩截，船員包含布蘭森被直升機救上岸。

1986 年「維珍挑戰者 2 號」下水，千辛萬苦經過 3 天又 8 小時，布蘭森打破藍帶獎紀錄，也打破最快穿越大西洋兩岸的航行世界紀錄。載譽歸國的布蘭森還非常風光地開著汽艇載著當時的首相撒切爾夫人，在泰晤士河上接受英國民眾的歡呼。

妙的是，美國佬拒絕交出藍帶獎，因為他們認為維珍挑戰者 2 號是為了破紀錄專門設計的快艇，不是商務航行用的船隻，有違藍帶獎當初設立的精神。但有錢人就是任性，布蘭森後來乾脆自己設立一個維珍大西洋挑戰獎（Virgin Atlantic Challenge Trophy），頒給後世能夠破他們紀錄的人。

就在布蘭森回國後沒多久，著名熱氣球專家佩爾·林德斯特拉德（Per Lindstrand）找上了他，他說當航海王不過癮，一起搞熱氣球冒險才刺激，希望他能夠贊助並參加冒險，一起完成熱氣球飛越大西洋的創舉。布蘭森同意加入這次瘋狂的熱氣球航行，後來他才知道過去有 7 個夢想搭熱氣球飛越大西洋的人，其中 5 個掛在了半路上。（就跟你說，年輕人你太衝動了！）

1987 年，布蘭森和佩爾從美國升空飛往英國，飛行本來都很順利，在北愛爾蘭他們短暫的著陸了一下下，碼錶停在 31 小時 41 分，他們創造了記錄。為了避免過大的氣球碰到附近的高壓電線，他們又再度升空，尋找適當的降落點。然而過快的飛行速度，還有幾個沒燒完但是又丟不掉的燃料瓶，著陸時可能發生爆炸，因此最後他們選擇降落在海上。

不受控，又升又降的熱氣球相當刺激啊！第一次接近海面時，佩爾順利離開機艙，跳進海裡，布蘭森沒跟上，只好隨著熱氣球又上升飛了一段。後來他抓準時機，在下降的半空中跳向冰冷的大西洋。他們雙雙被英國皇家海軍直升機救起。

從上面這段故事你看出來一個讓人生氣又奇妙的端倪沒有，就是航空公司不是剛成立嗎？你這個集團 CEO 一天到晚去飛熱氣球，不用上班了是怎樣啊？

而死裡逃生後，這對難兄難弟居然又立即開始準備環球航行（真的總裁都不用上班耶）。首次環球航行因為熱氣球被電線纏住，降落在了阿爾及利亞的沙漠中，他倆成為民兵的俘虜，航行草草收場……。不過這段歷劫歸來的故事，又讓媒體報上好幾週。

1998 年，第二次環球航行他們從摩洛哥出發，飛過中東、中亞後進入中國領空。但是他們的飛行路線比中國政府預先允許的路線偏北了 150 英里，他們接到了中國空軍的無線電警告。布蘭森急 call 布萊爾首相轉由英國大使請託，中國政府也很給面子，大方允許讓熱氣球繼續飛行。

聽說當他的熱氣球離開中國海岸時，他收到了一個好消息：維珍航空將成為第一家從英格蘭直飛上海的航空公司。1 分鐘前還在擔心熱氣球可能被擊落的他，接著就可以帶著波音 747 直飛中國了。

最後，熱氣球降落在加拿大靠北極圈附近，距離本來的目的地美國洛杉磯，僅僅差了 4,000 英哩而已喔！

2004 年，為了慶祝維珍大西洋航空成立二十週年，他穿著燕尾服，開著一輛跑車外型的水陸兩用車，從英國的多佛穿過英吉利海峽，駛向法國加萊海岸，全程僅花了 40 多分鐘，打破水陸兩用車橫越英吉利海峽的世界紀錄。

2007 年，為了慶祝維珍美國航空公司首飛拉斯維加斯，他從拉斯維加斯棕櫚樹賭場酒店樓頂像蜘蛛人一樣高速垂降，下墜速度高達每小時 100 英哩，這中間他撞到牆面兩次，褲子也破了，屁股也有瘀傷，不過廣告效果十足。

2012 年，這位老兄 62 歲了，他用風箏衝浪穿越英吉利海峽，打破利用風箏衝浪穿越英吉利海峽最年長者的金氏世界紀錄。

聽完這些，你覺得他已經夠狂妄了嗎？

不！因為地球已經無法滿足他了，他要轉往外太空去冒險。

理查‧布蘭森的太空冒險

如果你覺得這位老兄已經很狂了，那麼 2004 年成立的維珍銀河航空公司可能會讓你嚇掉下巴。

2004 年，航太產業發生一件大事，波特‧魯坦（Burt Rutan）駕駛著太空船一號（SpaceShipOne）太空飛機，完成第一次私人資本太空飛行，並且在兩週之內載 3 個人做兩次高度 100 公里（太空的邊界）的飛行，因此贏得 1,000 萬美元的安薩里 X 大獎。該獎設立於 1996 年，用來鼓勵民間嘗試太空商業飛行。

布蘭森相信在不遠的將來，利用這種太空飛機，載人去外太空兜兜風，會

讓許多有錢人趨之若鶩。這是一門有錢賺，又刺激好玩的事業，所以他成立了維珍銀河航空公司。布蘭森也收到上百位名人的訂金，到本書寫作的 2019 年間，這間公司已經有好幾次試飛成功紀錄。（對 ～～ 意思就是還沒正式商業運作）

不過我是真的很期待，看到這位七十歲的老人家，可以完成他的太空探險夢。這樣的故事，實在太值得我們傳遞了。

這裡我寫了中外兩位探險家原型的企業家，這兩位名人你可以上網查詢到他們許多冒險與邊界探索的故事。這種從骨子裡散發的冒險犯難精神，公關公司若硬要去包裝打造，想必也很難做得出來。

總之，我們忍不住就是會多看他們一眼。

觀察與建議

如果你是創業者，有著跟他們一樣的冒險熱情，那麼不管你現在從事哪一行，我相信最後你還是會走上一樣的老路：探索自我與人類的邊界。那麼，探險家原型的鮮明形象，請你千要要好好利用。

冷知識五四三

約翰走路大多數產品並沒有標示年分，其出廠的酒類等級由低到高分別為：紅牌（red label）< 黑牌（black label）< 綠牌（green label）< 金牌（gold label）< 藍牌（blue label），偶爾會出些特殊版本。

Intel 與智者原型

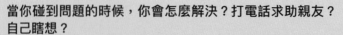

當你碰到問題的時候，你會怎麼解決？打電話求助親友？
自己瞎想？

智者會找書、上課、上網找尋資料，並且開始一系列的研究計畫。解決完
問題之後，甚至還會想著怎樣把這一段學到的東西，變成部落格文章，
You Tube 影片，轉化為有系統的知識，分享出去。

有些行業，你永遠搞不懂那是什麼，複雜的奈米製程、高深的生物研究。
最經典的就是三師：醫師、律師、會計師。他們的專業不知道是要 K 掉
多少原文書，考過多少大大小小國家考試才能累積起來。

品牌個性	·**正向**：智慧、聰明、知性、邏輯清楚、理智、天才。 ·**負向**：固執、我執、關在象牙塔裡、有距離感、光說不做。
關鍵字	智慧、智能、學習、讀書、研究、天才、高深莫測、科技感、禪、慧、能。
格言	·真理將使你獲得解脫。 ·知識就是力量 ·學海無涯。
經典品牌	Intel、NOKIA、麥肯錫（McKinsey）、誠品書店、天下雜誌、Discovery、TED TALK、哈佛大學。
真實經典人物	孔子、愛因斯坦、諸葛亮、霍金、富蘭克林、王陽明、蘇格拉底。
經典戲劇角色	甘道夫、鄧不利多、尤達（Yoda）。
次原型	先知、專家、學者、學霸、教授、老師、科學家、Metro、高僧、工程師、博士、師父
適合產品、產業服務	高科技、生醫、醫療、金融、醫師、律師、會計師、補習、培訓、管理顧問、學校、大學、科研機構、檢測單位、書店、出版社。

Intel 智者原型與企業品牌

這麼多年來,企業隱約遵循著潛規則,各自做好份內工作。最接近消費者的通路或製造商是所謂的「品牌廠商」,這些廠商努力開發符合消費者所需的產品,做好品牌行銷,像是蘋果電腦、HP、戴爾電腦。

另一方面,有些工廠專門幫前面這些廠商生產零組件或是組裝,像是大立光(光學鏡頭)、台積電(晶片)、威剛(記憶體)、和碩(組裝與代工),後者專心從事生產,無須發展品牌,品牌、行銷、廣告,跟消費者打交道是前者的事,大家井水不犯河水。

不過在 1990 年代,英特爾(Intel)打破了這個僵局,在微處理器行銷上創造了前所未有的成功,而這一切得從 1991 年,美國的一椿法院判決說起……。

當時,美國法院裁定,英特爾微處理器家族所使用的 386 序號為一般產品總稱敘述,因此不能成為一個商標名稱。若將上面這段話翻譯成白話,意思是說「386」這個詞本是你們英特爾弄出來的名稱沒錯,但這麼多年來,業界都普遍使用了,所以大家約定俗成地就把這一類的晶片都叫「386」。換言之,「386」不是你們英特爾專屬的商標,只要是做這類微處理器的廠商都可以使用「386」這個稱號!

■ 經過快 20 年的洗腦,如果電腦筆電外盒上沒有這個圖樣,你會不會覺得怪怪的。

Intel 與智者原型

　　這個判決讓當時的英特爾品牌策略大亂，也讓其他競爭者得以使用英特爾建立的命名體系。這個結果讓消費者產生很大的混淆，對品牌與行銷更是一樁大災難。為了解決這個難題，英特爾只好為它的處理器家族發展另一個專屬的商標，也就是現在我們所熟悉的英特爾 Intel Inside。

改變「以產品為主」的品牌策略

　　為了因應美國法院判決，英特爾的企業行銷群副總裁卡特（Dennis Carter），在短短幾天之內擬定一項新的品牌策略：當時，消費者對英特爾的品牌注意力大多是在這些處理器產品數字序號上，像是 386、486，因而忽略了自家公司名稱：「英特爾」。針對這點，卡特成立了專案小組，主要目標是把英特爾塑造成一個品牌，將 386 和 486 這些處理器產品名稱的注意力移轉到英特爾公司的身上。

　　英特爾的產品集中在處理器，而處理器又是卡在電腦內部，一般個人電腦購買者既看不到也摸不到，要對消費者去行銷「看不到」的產品，這的確很令人頭大。但英特爾不死心，他們想讓消費者相信，處理器是整台電腦的核心，是電腦效能的關鍵，這遠比組裝電腦的公司來得更重要。

　　英特爾過去的廣告 Slogan 是「The Computer Inside」，卡特將措辭改為「Intel Inside」，以前是告訴消費者「Intel 擁有強大的運算功能」，而現在則是告訴消費者，「只要是電腦，裡面就應該有 Intel！」

爭取 OEM 廠商支持

要執行這項新品牌策略並且建立「Intel Inside」商標的知名度，必須得到使用英特爾微處理器的電腦廠商支持。英特爾的首要目標是讓這些製造商願意將「Intel Inside」標誌放在他們的平面廣告上。

為了爭取廠商對 Intel Inside 計畫的支持，1991 年，Intel 正式宣布展開 Intel Inside 計畫，明確指出在未來 1 個月，公司將花費將近 1 億 2,500 萬美元在平面廣告、大型廣告告示牌以及電視廣告上，而該計畫適用於所有使用英特爾微處理器的電腦製造商，只要電腦製造商在行銷自家產品的平面廣告裡放上 Intel Inside 標誌，英特爾就補貼廠商該廣告成本 30 ～ 50% 的廣告費用返款支持。

第一線和第二線的電腦大廠商如康鉑、戴爾、ÍBM 等，均抱持著較觀望的態度，他們害怕英特爾的宣傳活動會蓋過自己的品牌光環，削弱了和別家產品的差異性。倒是規模較小的三線製造商（例如當年的宏碁、華碩、聯想），他們反而很支持 Intel 的想法。

這些小廠商沒有自己突出的品牌，在推銷產品時主要強調價格或性價比。這時，印刷品與平面廣告就是他們最重要的宣傳媒介，所以，任何廣告補貼對他們來說都非常實惠。此外，對於這些年輕且知名度低的廠商來說，在他們的電腦產品外殼或外盒上貼上英特爾的標誌，等於告訴消費者他們的產品是高品質保證，還有國際大廠當靠山，請大家安心購買。

搞定了中間代工廠商，英特爾接下來便把矛頭轉向終端消費者……。

星際大戰等級的廣告

英特爾於 1991 年 11 月正式啟動第一波電視廣告：「未來空間」（Room for the Future）。這支廣告請到了盧卡斯旗下《星際大戰》系列特效團隊設計動畫特效，帶領觀眾進入電腦內部，在微處理器中進行一趟旋風式的旅程，體驗 Intel 486 SX 處理器是如何提升電腦效能。這部廣告在現在看起來可能沒啥了不起，但是在那個年代，簡直是在電視上看到科幻 3D 電影一樣驚奇。

「未來空間」（Room for the Future）是英特爾首次實驗將電視做為廣告媒介，雖然電視廣告的製作與投放成本，遠高於平面廣告，但是效果奇好。大部分看過電視廣告的觀眾會記得英特爾的名字，遠勝過處理器產品名稱（486 SX），而到了 1992 年 12 月，已經有超過七百多間廠商加入了這個行銷計畫，成員主要是二、三線的廠商。參與這個合作計畫的廠商大多很滿意廣告的成果，認為這是個多贏互惠的整合行銷。

隨著三線廠商的大力支持，以及 Intel 的強勢廣告成功洗腦了消費者，市場上普遍認為電腦裡似乎一定要有 Intel 的處理器才可以放心去買（當年我就是這樣）。而這時，一、二線的電腦大廠被迫只得乖乖配合，除了在自己的電腦產品上印製自家 LOGO 以外，也必須分出一個小區塊來貼上「Intel Inside」，省得消費者疑神疑鬼，覺得這家產品使用的處理器不入流。惠普（HP）甚至在某些地區展開了「Intel Inside，HP Outside」的行銷活動。

Intel 逆轉勝

1993 年《Financial World》雜誌評估英特爾品牌價值高達 178 億美元，

緊追著萬寶路香煙和可口可樂，是全球第三大最有價值的品牌。

短短兩年間，英特爾從一間官司敗訴的公司，搖身一變成為世界第三的知名品牌（目前我做過的研究，還沒看過這麼狂的）。這期間又開發出奔騰 Pentium 處理器取代 586（之後就很少聽到什麼 86 之類的了），還有之後的迅馳 Centrino。「Intel Inside」在消費者心目中建立了強烈的印象，一台好的電腦就應該用 Intel 公司所生產的處理器。從數據顯示，Intel 在採取「Intel Inside」的隔年，銷售額上升了 63%，十年間的市值也由 1991 年的 100 億美元陡升至 2001 年的 2,600 億美元。至此，Intel 可以說是逆轉完勝的工業品牌！

經典的智者故事：車庫創業修鍊

很久很久以前，一位智者，在個僻靜的山洞裡苦修，經過一番苦練、大徹大悟、修成正果後走出山洞。再入凡塵，救民於水火並傳播哲學道法……。這些故事在民間繪聲繪影並加油添醋後，成為經典傳奇，流傳後世。像是達摩、張三丰、梅林、張天師，這些大師的共通特色就是─都待過山洞。

時光拉回到現代都市，要找個僻靜的山洞很難，最適合智者創業的山洞，大概就是他們家的車庫了，美國的經典車庫創業傳奇有：HP、哈雷機車、亞馬遜、谷歌、蘋果、迪士尼、微軟、蓮花跑車。搞得一間偉大的企業，如果當年沒有在車庫發跡，好像就不大對勁。

我在這邊把古老的智者傳奇，與現在常見的現今品牌故事做個對照：你會發現，數千年來，大家傳頌智者故事都有類似的基模。

山洞→車庫

頓悟→關鍵技術突破

修成正果→產品完成

出洞下山→產品上市

經典傳說→品牌故事

簡言之，你今天之所以不是網路科技新貴，還蹲在家裡啃我這本書，最重要的原因就是你家沒車庫！

HP 的車庫傳奇

過去五十多年來，科技業不斷洗牌，當年耀眼的新星多半已成為昨日黃花，惠普就像個穩定的智者，過去幾十年來幾乎所有的科技世代交替，他無役不與，雖然不見得每個產品都很成功亮眼，但是處處都有他們的影子。跨足的產品與服務，從 3C 產品到國防、醫療通通都有，若說它是個科技智者，相信應該沒人會反駁。

1939 年，兩位史丹佛大學的學生：休利特（Bill Hewlett）和帕卡德（Dave Packard）在帕卡德自家車庫裡創立了惠普，HP 這品牌就是取兩位老兄的姓氏的（Hewlett Packard）的首字母而來。 所以，惠普精神也被稱作「車庫精神」。這兩兄弟是在美國參加二次大戰前兩年創立了 HP，二次大戰後電子科技業蓬勃發展，在美國加州不少知名企業像是：微軟、谷歌都是在車庫起家，2007 年加州政府把當年這兩位老兄創業的車庫指定為古蹟。

說起 HP 創業這幾十年來，剛好趕上了電子科技業的快速成長期，從一

開始小規模生產實驗檢測設備，到後來跨入 3C 消費性電子、電子周邊，以及於 2015 年分家成立了 HPE（Hewlett Packard Enterprise）提供企業顧問服務，HP 可以說是無役不與。這幾十年來，矽谷許多科技公司暴起暴落（像是Yahoo），但是身為矽谷科技業老大哥 HP 卻長年是美國股市的「藍籌股」（代表資本大、獲利穩的股票）成員，而 HP 的管理案例一直被商管學院拿來當作案例使用。

B2B 企業與智者原型

我在上課的時候，不少同學會問：「老師，我們公司是代工廠（零組件廠）或是 B2B 的工廠，不是直接面對消費者，那我們需要搞品牌嗎？」

當然需要啊，就算對象不是消費者，公司也要徵才、募資、參展。而且品牌不單是對外也是對內的，如果形象不一致或很扭曲，自家員工對外掏出名片的時候，挫折是會寫在臉上的。相反的，如果品牌行為一致，自家員工對外（包括親人、朋友）說起自家企業，展現出的自信與歸屬感，這可是花大錢也買不到的。

也因為工廠或 B2B 的企業可能沒有太多的行銷或品牌預算，一旦品牌定位下來，接下來一些文宣品、廣告物就很難更改（可能也沒預算沒資源去改），所以在一開始的時候利用 12 原型做好功課，清楚定位是很務實的作法。

如果企業是高科技產業或牽涉到複雜的生產技術，選擇低調智者原型品牌是妥當又穩定的作法。NOKIA 在當紅的時候喊出一句：「科技始終來自於人

性」，即便現在，NOKIA 的產品在消費市場銷聲匿跡，但我相信一旦準備好了，NOKIA 重返市場時，這句經典口號再被喊出來，肯定還是很具影響力的。

知識服務業與說書人網紅─羅輯思維

過去幾年，我在大陸時不時會有一些培訓的需求，不少大陸的朋友都跟我講說：「敦國，有個節目叫『羅輯思維』，你一定要上網去聽聽！」

我當時不以為意，心想真有那麼厲害嗎？不過隨著越來越多的朋友不斷地在我耳邊提起這節目，終於在 2015 年的某天晚上，我邊吃便當邊打開 Youtube，隨意找了一集叫《誰殺死了秦帝國》來看看。沒想到這一看，竟讓我專注地從頭聽到尾，將近 1 小時我沒有離開過位子，內心震撼不已。

我對歷史故事還算喜愛，不過《誰殺死了秦帝國》這種主題，平常我是根本不會去注意的。但是這節目說書人羅震宇（自稱羅胖），講得真是精彩，利用許多小故事，把戰國末年的秦國完成統一大業到秦朝滅亡這短短二十年間說得生動有趣，讓我忍不住就這樣在電腦前坐了 55 分鐘，自此，我變成了羅輯思維的鐵粉。

這是我第一次聽說書節目，自此我也迷上了這樣的說書節目。沒多久，羅振宇的「得到 APP」上線。這幾年，中國大陸開始出現一堆像羅胖這樣的「說書人」，大家猶如雨後春筍般利用網路散播知識，開啟了「知識付費」的新商業模式與「知識服務業」的新領域。

在寫這本書時，我上網查了一下，有媒體報導，羅輯思維若發行股票上市，

估值將超過 70 億人民幣，這當中或許有不少灌水的成份在，但是一個離職的央視記者，僅靠自己一張嘴，花上不到 6 年的時間就能擁有這樣的影響力，這還真是把寶寶給嚇呆了。（敦國暗暗下定決心，好好練練這張嘴，只要賺個 7 億新台幣就夠了。）

羅輯思維的成功，我將會在後面「場景心流與衝動消費」這個章節裡有更多的描述。

觀察與建議

在西方人眼中，一想到東方人，不管是印度或是中國，馬上會聯想到的是文明古國，悠久的歷史文化、豐富的哲學思想（老子、孫子、孔子），宗教思想的發源地（佛教、印度教、瑜珈）。

尤其像禪（Zen）、陰陽（Yin Yang）這些來自東方字彙，對外國人是充滿神祕、寧靜、祥和與智慧的。東方的陰陽學說、孫子兵法、氣功、風水，有點知識水平的老外，大都可以說上幾句。

東方人就是智者的感覺

當我在美國留學的時候，總是聽到老外說，他曾經讀過中國某些很有智慧的語錄，他們很熱情地跟我分享。這告訴我一件事，在國外，任何一句話只要是源自古老中國，那肯定是有智慧的。上課的時候，他們看到我用中文記筆記，這是活生生的象形文字，第一次在他們眼前飛舞，他們都驚呆了，剎那間，我

在班上的地位提高不少。

中文漢字是世上極少數還被使用的象形文字，在西方人看起來既神秘又充滿智慧。我們時不時會看到老外傻傻地把一些莫名其妙的漢字刺青在身上，這當中多少都是衝著這些神秘又有智慧的力量而來。

過去，我們總有一種民族自卑的心態，覺得國外的月亮比較圓，總是要在自己的標語裡加一些英文字，在圖像 LOGO 裡放進一些西方的元素。但如果打定主義走智者原型，這種很東方的形象，反而讓西方人更加趨之若鶩。

如果你的產業充滿技術門檻，外人覺得高深莫測，那麼你就是現代的智者。智者尤其適合高科技產業，藉此吸引智（志）同道合的夥伴。古代的學生們去拜師訪問智者，總要帶著束脩（肉條）才行，相信若好好經營你的智者原型，你肯定會有收不完的肉條。

冷知識五四三

類似於英特爾的訴訟案例也曾發生在可口可樂與百事可樂雙方對「可樂」名稱訴訟上，最後，美國法院也是用類似的邏輯，認為可樂（Cola）已經成為民眾對這一類黑黑甜甜的碳酸飲料產品約定俗成的共同稱呼，所以不該專屬於可口可樂。因此，後來像百事可樂這些產品可以自稱為「可樂」，而不用擔心被提告。

品牌塑造就是「不斷達成共識」的經過

前面說過，12 原型與品牌這觀念，是來自 2000 年在台灣出版的《很久很久以前，以神話原型打造深值人心的品牌》這本書。

這本書在當年也算大賣，賣到絕版。也有些講師、教授會進行零星的研究與授課，雖然書大賣，但是這理論似乎沒在台灣變成顯學。

2013 年我接觸到這本書，驚為天人！這感覺就像精子碰到卵子、天雷勾動地火，這本既厚重又難懂的書，我居然在短短三天內看了兩遍。我覺得我在職場上碰到多年的問題有了解答。於是，我開始把書的內容，加上很多我過去的職場經驗，變成課程「利用 12 個故事角色形象，打造有型品牌」。

過去在講授品牌這類課程，大多是找大廣告公司的總監級的事業人士。我從沒在任何廣告或行銷公司待過。那麼為什麼我可以對品牌這主題，這麼有自信，因為我對「共識」這件事，有很深的認識。

如下圖，假如你擁有一間企業要推廣你的品牌，理論上應該像同心圓一樣，一環一環往外達成共識。

第一層，高層核心要有共識：首先，公司的高層、創辦人先要對這品牌有共識，這個品牌可以代表我們嗎？我們想給公司內外的人什麼樣的感覺？

第二層，公司相關執行人員：接下來，企業裡的同仁要了解高層的意志並

且達成共識。然後，公司同仁們透過產品開發、廣告行銷等方式，再跟消費者或協力廠商達成共識。

不要以為只有行銷人員，還有產品設計、產品經理、業務等等，凡是跟企業產品、服務、行銷碰得上邊的，都在這個範圍內。在公司高層核心決定好原型後，這群同仁是真正執行的手，這本書最大的功用，大概也是在這一環了。

第三層，協力廠商：現今產業分工細膩，產品可能會透過外包的設計公司設計產品、由代工廠商製造，廣告會委外發包，這些協力廠商也要達成一致的共識。因為從這層開始，跨出這企業了，這一層的共識，也是最困難的一階門檻。像是廣告公司、廣告投放、平面設計師、產品設計師、委外的 FB 小編、社群媒體代操人員、文案人員、網站製作公司。

如果是做實體商品或外貿生意，這一層還包括：本國經銷商、通路渠道、貿易商、他國經銷商。這群人不是你們公司的同仁，沒有跟你朝夕相處，他們不算了解你，但是他們在消費者面前，卻又要代表你，他們是你「衍伸的手」更可能是你「衍生的臉」，這群人要是能溝通好，達成一致共識，你的影響力基礎就基本完成了。

第四層，媒體：早些年沒有大眾傳媒的時候，只能靠口耳相傳你的理念。現在得透過媒體的投放，把你的理念宣傳出去，才能搶得時機、發揮效益。

不同的媒體，也有不同適合的原型。

當然，別忘了，你自己、你的員工、產品或服務本身也是一個媒體。

第五層，消費者：消費者透過媒體了解到你的理念，透過經銷商拿到你的產品，體驗到你服務，認識你的品牌、感受你的品牌，你就像個真人一樣，站在消費者面前，告訴他你的想法與理念。

第六層，社會：如果你累積夠多的消費者，持久且一致並重覆訴說你的理念，消費者與消費者之間也利用你的產品、品牌互動，像是導演或編劇把你的產品大量放在電影裡、作者把你的故事寫在書裡……。不光是你跟消費者在說話，消費者之間也在對話，你的產品在消費者之間便連結成為一個網絡，普及至整個社會，進而形成一種共識，就像是集體潛意識一般。

當整個社會都達成共識的時候，這麼品牌就是非常強勢的品牌了。像是可口可樂就是經典，可口可樂強大到跟整個美國社會都達成了共識：「可樂就該是這個味」。1985 年，可口可樂改了配方，不只是改變產品，也違反了一百年來，這個在美國延續好幾個世代，不斷累積的共識。所以，美國人很不爽，

硬是要可口可樂改回來。（詳見《違反共識的品牌行為》）

這件事可能也讓可口可樂高層，一則以悲，一則以喜。悲的是之前改配方的策略錯誤花掉大把銀子，喜的是透過這次事件，他們了解到自己的品牌，已經達到社會共識這樣的高度了。

美國的哈雷機車，雖然不是很大眾化的產品，但是也代表某種美國精神，不能亂改設計、亂辦活動。一旦達到社會共識這樣的高度，品牌變成一種共通語言，品牌本身往往才是企業獲利的根基，不再是產品本身了，像是迪士尼的授權金收入。達到世界級共識的品牌還有像是可口可樂、迪士尼、各大宗教（佛教、基督教、天主教、回教）。

即便你不是個基督教徒，但是現在馬上要你畫個草圖設計個教堂，我相信你畫得出來的（十字架、尖塔）。這強勢的品牌共識，你沒經過刻意的學習，但已經深深刻在你心裡了。

為什麼共識很重要？

這個標題的答案很簡單，因為前兩頁圖中的人會來來去去。如果你曾經待過大公司，你可能會發現，公司裡頭不同產品線，大家做的廣告、對外宣傳的公司理念可能天差地遠。不同地方的員工經銷商，或通路對這個品牌，有自己的解讀。換了一家廣告商，這間廣告商為了凸顯跟上一家廣告商的差異，把你的品牌做了很不同的解讀，拍了很不一樣的廣告。換了一任行銷總監，整個品牌又被大改一次。有了新的產品，上面這些行為，又再重複一次。上圖的內圈

要是沒有共識，外圈的消費者收到的資訊便會不一致，那怎麼對你的品牌積累深刻印象呢？

另一方面，如果從公司高層就有了鮮明的品牌共識，一層又一層、堅定一致地往外達成共識，就算中間的人來來去去，只要共識還在，新進來這個圈圈的人，也會馬上就知道該怎麼做，也不會亂做。

簡言之，鮮明又好懂的 12 原型就是達成品牌共識的最佳工具及共同語言。

品牌塑造第一步 企業內部共識引導

身為一位引導師 ❶，我經常要做的是協助團隊達成共識，這時我最害怕碰到的人，叫作「對錯人」。這種人開口閉口就是，「這是對的」、「那是錯的」。更可怕的理念叫作「堅持做對的事」。一旦碰到這種老「兄」，這個團隊要嘛就服從他、要嘛就是吵翻天。這中間不斷地辯論，通常也是企業動能內耗的常見現象。

你可能會被我的觀點搞糊塗了，本來在企業裡，我們不是大家共同努力找出一個最「對」的策略嗎？

對錯很主觀，我傾向找出最有共識的方案。

假如我是個在意對錯的老師，我可能會請同學提出論點，我也會提出我的論點，來看看誰比較有道理，誰比較「對」。你可以想像得到，真要辯個對錯，那可是很花時間的，而且往往到後來，會只想證明對方的錯，變成意氣之爭，

❶ 引導師（Facilitator）係指在會議裡頭，善於利用流程協助團隊達成共識、對話的人。

甚至分成黨派......（我發誓我真的是在說品牌，不是當前的台灣政治）。

而且到後來，往往我們是在努力找出對手的錯，好證明自己的對。

上述這些煩人的現象，在討論像「品牌形象」這類難以量化又很需要感覺的議題時，特別麻煩，要達成共識真的很難、很難、很難。（因為真的很難，所以講三遍。）舉個例子，在我的書中我把 NIKE 放到英雄原型這章節，如果在一個經營多種運動用品的通路商辦的企業培訓裡，學員都說 NIKE 是顛覆者原型。碰到這種狀況：

如果我是個要證明「我是對」的人，那麼我就要開始痛苦了，因為接下來我得跟整個團隊對著幹，不斷找證據跟大家辯出個勝負。如果我是來協助大家達成共識的引導師，這時我會很開心，因為大家已經有了個共識：「NIKE 是顛覆者」。我會說：「大家都有共識的話，那麼 NIKE 就是顛覆者。」因為未來是這群學員要去共同執行方案，怎樣讓他們迅速有共識，可以一致的走下去，那才是利用 12 原型當作共通語言的最佳使用方式，而不是利用 12 原型來爭執哪個原型才是對的。

常見一家企業，新上架一個產品、換了一間廣告承辦公司、換了一位行銷品牌主管、換了一位 CEO，整個形象又會重新洗刷一遍。當然品牌形象無法累積，也不會出現讓消費者有強烈印象的強勢品牌。有許多大公司，經營了三、四十年，問問老員工，公司品牌形象定位，10 個人可能有 17 種說法。

有了 12 原型在我手上當引導工具或團體語言，那真是如虎添翼。通常 3 至 4 個小時的講座後，讓企業內聽眾有條理的討論，通常 12 個原型中，大家

挑出主原型、副原型產出共識，不大困難。或是利用原型理論，讓大家找出哪些產品系列適合哪種原型，也可以很快地達成共識。

大家的基礎有了共識，接下來大家的方向就會一致。

我不是在做行銷顧問，我是協助企業達成品牌共識的引導師，下表是傳統討論與利用 12 原型做討論比較。

	傳統的品牌討論	利用原型理論進行引導
同仁心態	找到對的方案	找到有共識的方案
時程焦點	短期	長久
專注在	消費者想收到的資訊	企業想傳達的理念
	強調對外（消費者）	安內再攘外
服務對象	只考慮消費者的感受	由內而外每個環節都求有共識
企業定位	模糊	具象
廣告重點	創意	一致、重複

先有共識 vs. 再來提案

12 原型的理論與課程，是在和學員一起摸索中，不斷累積經驗。因此我也收集到很多優化的操作方法，與不當的操作方法，下面是我的分享：

（1）先有原型提案，再求共識。這種作法是比較糟的作法，提案人可能心中對某個產品或服務有了原型理念，接下來就一系列的展開。這些提案人是想利用原型說服相關人（長官、客戶、合作夥伴），心想：有了原型理論，我

整體規劃又很一致，大家一定會買單的。

你可能會猜到下場會如何，如果剛巧相關人跟這提案人的原型直覺一致，那後面的展開項目，的確可能順水推舟一帆風順。一旦相關人對這原型不買單，後面的展開也就整個被推翻。於是這中間又得有不少辯論與爭執了。

（2）先有原型共識，再發展提案。如果先利用 12 原型，產生了團隊在原型上的共識，接下來要展開的各種方案，各關係人就有參與感，後續的展開也會更順暢。如此最後消費者就有可能接收到一致品牌原型理念。

記住企業裡，沒有對的或是錯的原型，只有「有共識的原型」或「沒共識的原型」。

沒共識的原型，就算在企業裡，某位經理或老闆硬幹去執行（或是某位員工悶頭硬幹）。在其他關係人沒有共識的狀況下，要嘛執行不夠慣徹，要嘛又會被偷偷的修改，被加料或是偷工。如此傳遞到消費者時，又會是個「不成型」的東西了。

原型理論是讓你拿來協助團對達成共識的，不是讓你拿來說服人的。

好的品牌：內部覺得舒服，外人覺得合理，總體表現一至。

品牌行銷就是「重覆，重覆，再重覆……」

目前你才翻開這本書才沒多久，不過當你看完整本，再回來看看這一頁時，你會認同：廣告的重點不是創意，而是重覆、重覆、重覆。（因為很重要，所以說三遍。）

廣告的重點是「創意」？

或許你會憤憤不平地說，廣告需要創意才會吸睛，才有人要看。在我的課堂上，我實驗過很多遍：

（1）很多同學會記得一些「很有創意」的廣告片段畫面，但是賣什麼記不大清楚，甚至哪間企業的也搞不大清楚。

（2）很多同學心中，會有印象深刻的品牌，可以把對這個品牌的感覺、印象講得頭頭是道，而且全班都很有共識，不過該公司到底播過什麼廣告卻不大說得出來（像是蘋果電腦或是可口可樂）。

因此這邊有個大哉問了，你是希望拍出一堆很有「創意」很吸睛的廣告，大家看的當下很有新鮮有趣，記住廣告但記不住你是哪間企業賣什麼的？

還是你希望把某些主題反反覆覆操作，因此大家對你印象深刻，想忘都忘不掉（甚至有點煩厭），一講到這個領域的產品就想到你呢？

如果說到熊寶貝你會聯想到衣物柔軟精，講到小黃金獵犬你會想到衛生紙、感冒想到絲絲、孝敬父母用腦白金（大陸人人皆知），這樣強烈的印象你想忘都忘不了，那麼答案應該很明顯了吧！

廣告為什麼需要創意？

廣告需要「創意」，是因為閱聽人對於**過度重複**會感到厭煩，所以必需有些「不一樣」。但是這些年來，許多廣告矯枉過正，過度強調「不一樣」的創意，而忘了強調需要重覆且一致傳達給消費者的訊息是甚麼，因此消費者當下看廣告可能感覺很新鮮，但看完就忘，更別說很多企業一代代的廣告太過要求創新，沒有重覆且一致的元素彼此串連，因此無法在消費者腦中累積印象。

要讓消費者印象深刻，必須有一些元素是基本不變、長久一致的，其他剩下的，時不時來發揮點創意，換點小手法，消費者是很可以接受的。

再舉開餐廳為例好了，當你開一間川菜館，哪些元素你得基本不變長久一致呢？

麻、辣、花椒、辣椒、豆瓣醬、水煮魚、宮保雞丁、麻婆豆腐，這些是大家基本的期待，你絕不能亂改，至於餐具、桌椅、裝潢、飲料、點心，來點「不一樣」的創意，是大家能接受且期待的。

泰國廣告現象

泰國廣告這幾年，在各種社群媒體被廣為傳播，得獎連連的泰國式創意廣

告的基模大概如下：

（1）通常不會太短（不會是制式的 15 秒或 30 秒廣告，大多是將近 2 分鐘的微電影）。

（2）富有曲折離奇的劇情。

（3）一開始一定讓你摸不著頭腦，這個廣告到底在賣啥？

（4）最後幾秒神轉折，帶出產品及品牌。

這種廣告，你看第一次的時候，會覺得很鮮很棒，很有創意，但是你也都知道梗了，你會再看第二次、第三次嗎？

尤其這類廣告因為劇情關係，通常都將近 2 分鐘或更久，下次你若再看到片頭，可能就會馬上關掉它或是乾脆在手機上滑掉它。（嗯～這我已經看過了）因為上述這兩個關係，我想你應該很難會對這廣告想要帶出的產品或品牌產生深刻的印象吧！

那為什麼這類泰國廣告會常得獎呢？

評審評比的情境，跟我們消費者不一樣，評審都是大忙人，可能很短的時間內，必須填鴨式的連看幾百部來自世界各國送審的廣告片，在這種情境下「泰國式創意廣告」真的比較容易吸睛，讓評審印象深刻，從眾多廣告中脫穎而出，因此獲獎。但是當這類廣告搬到電視上、網路上，希望反覆播放的時候，消費者願意反覆觀看並反覆記憶的意願就很低了。

願意「重複光顧」才是重點

關於比賽評審跟現實狀況有落差，我可以再舉個例子，台北市連續很多年都舉辦台北國際牛肉麵節創意競賽，我跟朋友都曾經去嘗試過這些得獎店家的得獎牛肉麵，但是好幾次我們都覺得踩到地雷，不禁想大罵評審。

不過我們得想想評審的評比過程，上百家參賽者，評審時間有限，當然胃容量也有限，因此每一碗牛肉麵大概只能嚐一兩口麵、喝一兩口湯。因此味道「獨特」的牛肉麵，就容易脫穎而出，加上評分的項目裡「創意」又是重點，因此評出這種讓我跟朋友覺得口味離奇的牛肉麵高分，那也不意外了。

另一方面，我可以想像，很大眾平凡的口味，我一個星期願意去吃三次的那種「家常牛肉麵」，在這樣的比賽裡，是很難得高分的。但是真的活得久，吸引消費者反覆上門的，卻是這種平實我又願意反覆去吃的牛肉麵。

泰國的廣告這麼有創意，那為什麼泰國沒有很多國際知名的品牌呢？

品牌形象的建立，不只能靠單一的廣告，就跟巨星之所以是巨星，一定也是累積多張專輯、很多電影並且保持某種「一致」的原型，反覆刻劃在觀眾的腦海中，如此印象才能深植人心。這樣一致性的品牌行為，小企業比較容易掌控，但是小企業影響力有限。

跨國大企業影響力大，但是組織龐雜，能運作龐雜的組織，管理層層經銷商跟多種通路，還能維持品牌一致性，那真的真的是多方管理經驗的積累了。關於這方面，本書後面會有很多這類的案例的。

哪些 DNA 是你想保持一致的呢？

本章講的品牌行銷，是指透過行銷等等手法，常年累積並建立該品牌在消費者心中的印象。不是指短跑衝刺的某個行銷廣告、促銷活動，或是衝粉絲的話題行銷。

可口可樂這麼多年來，就是天真歡樂，雖然換過 N 種手法、N 種廣告形式，但基本 DNA 不變、原型不改。Jeep 吉普車，就是越野車，探險家是其最鮮明的原型，如果找你這個門外漢去當設計總監，用腳底板想，也該知道越野能力會是設計重要的 DNA，而不是省油或是音響內裝。

想一想在你的企業、產品、服務裡面，哪些精神、元素，像是 DNA 一樣你希望傳給你的子代，讓人一看就知道這是你這個企業家族的子孫；什麼是你想要堅持長久一致不變，而且你想大聲告訴消費者的呢？

PART 2

12 原型與經典品牌 II

- NIKE 與英雄原型
- 切・格瓦拉與顛覆者原型
- Disney 與魔法師原型
- 三格一致的經典
- 品牌沒有美醜，只有強弱

 天真者
 探險家
 智者
 英雄

 顛覆者
 魔法師
 凡夫俗子
 情人

 丑角
 創作者
 照顧者
 統治者

NIKE 與英雄原型

在亂世之中，英雄騎著馬、帶著刀、衝進沙　　　　場，抵禦外侮保衛家園，當我們膽小害怕的時候，英雄人物一聲：「我來！」就衝了出去。似乎生命對他而言並不重要，他勇敢執著，奮戰不懈、力拼到底，充滿著使命感。

我們被他剛毅的眼神所震攝，鼻尖似乎也聞到了他們身上的血腥味與汗味，而成功，似乎就在眼前了。

品牌個性	・**正向**：努力不懈、衝勁十足、有正義感、能量豐沛、勇往直前、剛強、果敢、勇敢。 ・**負向**：暴力、衝動、魯莽、欠缺同理心、憤怒、掌控。
關鍵字	勇敢、奮戰、奮鬥、成功、目標導向、泰坦精神、正義、使命感、熱血、軍規、強、猛、力。
格言	・有志者事竟成。 ・我來了，我看見，我征服。 ・犧牲小我，完成大我。 ・英雄本色，一身是膽。
真實經典人物	關公、葉問、黃飛鴻、戚繼光、艾森豪、麥克阿瑟。
經典戲劇角色	超人、美國隊長、漫威那一堆人物、郭靖（武俠電影裡的主角們）、007、警匪動作片的主角們。
次原型	拯救者、俠客、騎士、義士、先烈、強人、鬥士、勇士、武士、救星
適合產品、產業服務	槍枝、汽機車相關產業、五金工具、破壞器材、軍火、救災救難單位、軍事單位、急診室、男性化產品（香煙、保險套、皮帶、領帶、服飾、古龍水）、重工業、強力清潔用品。

NIKE 與英雄原型

NIKE 創辦人 Phil Knight（菲利普‧奈特），1964 年剛從史丹佛研究所畢業沒多久，旋即創辦了藍帶體育用品公司。他經常開車四處兜售他所研發的運動鞋，也從中累積了不少經驗與資本。

1971 年，奈特跟原本的合作廠商有些理念不合，便開始想要自立門戶，並為他剛剛起步的新公司更換名稱和商標。這時，有人跟他提議利用希臘的「勝利女神」（NIKE）來當作公司的標誌。奈特採用了這個想法。

此時，公司裡的一個實習生畫出了現在家喻戶曉的勾勾 logo，其靈感後來也跟勝利女神的翅膀順利連結起來。

■ 多年來，這雙翅膀帶領著熱愛運動、追求時尚的英雄們，四處飛翔。

一隻鞋，左右鞋面都有一個勾勾，代表著一隻鞋帶有一雙翅膀，兩隻腳就是踏著兩雙翅膀，四十多年過去，這兩雙翅膀帶著世界各地的體育健將、熱愛運動的馬拉松迷、追求時尚的年輕男孩們四處飛翔。不過，NIKE 並沒有因為勝利女神的保佑而迅速走紅，在 1970 年代，NIKE 還是一間不成氣候的小公司，一切直到了 1977 年，NIKE 引進氣墊技術到他們的運動鞋裡……。

■ 希臘的勝利女神。

NIKE 與英雄原型

氣墊的發明人 Rudy 是位航太工程師，當年他在家裡用烤鬆餅機試做氣墊，他帶著自行研發的專利與樣品，四處說服當時的各大運動品牌，像是 Adidas、PUMA、CONVERSE……等等，不過，說破了嘴，只有 NIKE 願意冒風險，跟他合作。

一開始，氣墊的製造技術不純熟，無法有高品質的量產，直到 1982 年 NIKE 推出劃時代的產品 Nike Airforce One（簡稱 AF1），才算正式打響名聲。Nike Airforce One 語帶雙關，一方面可以說是 NIKE 運用空氣動力的第一雙籃球鞋，另一方面也是美國總統專機空軍一號的意思。試想，如果你是一位身在 1980 年代的年輕男孩，你是不是也會吵著要爸媽給你買一雙叫「空軍一號」的酷炫籃球鞋呢？

Nike Airforce One 也不是一開始就這麼轟動，是 1984 年 Nike Airforce One 開賣兩年後，NIKE 被美國東部幾間經銷商聯合要求要重新上架，再度銷售一空後。NIKE 總公司注意到這款球鞋的潛力，從此 AF1 就沒有在市場上缺席過（據我了解，至今好像復刻超過 2,400 款以上）。

1984 年，NIKE 與當時年僅 21 歲的麥可·喬丹（Michael Jordan）簽約，

並發行 Air Jordan 籃球鞋，喬丹也真沒讓 NIKE 失望，往後二十年直到他退休，喬丹不斷地幫 NIKE 打響每一代 AIR JORDAN 籃球鞋，甚至獨立出 Air Jordan 的品牌。

■ 飛人喬登後來成為獨立品牌。

AIR JORDAN 後來變成喬丹與 NIKE 合

作的獨立品牌，商品不再掛 NIKE 的勾勾 logo，而是改放飛人喬丹的商標，除了球鞋還有各式運動休閒服飾等高價商品，不過原型一樣陽剛一樣英雄。NIKE 與喬丹可謂商業品牌上英雄惜英雄的經典代表。

JUST DO IT

1988 年，NIKE 推出經典 SLOGAN：JUST DO IT

NIKE 經過 1980 年代這黃金十年，除了有氣墊的技術創新，有英雄喬丹代言人，又有一代接一代的經典英雄產品，外加強而有力的 SLOGAN：JUST DO IT，一拳一拳地把對手打到毫無招架餘地，1990 年趕上愛迪達，NIKE 稱霸運動品牌市場至今……。

NIKE 與眾多產品的品牌行為分析，請看後面「三格一致的經典」篇章的介紹。

英雄配名駒─寶馬 BMW

從古至今，講到英雄不一定要穿一雙好鞋，但一定要配一匹良馬，現代的英雄雖然不騎馬，但也是要配上一輛好車，BMW 就是「英雄開好車」的經典代表。

BMW 是巴伐利亞發動機製造廠股份有限公司（德文：Bayerische Motoren Werke AG，英譯：Bavarian Motor Works）的簡寫，大陸翻譯作「寶馬」，台灣通常就使用原稱「BMW」。

　　BMW 原本是製造飛機發動機的，跟汽車沒有太大關係。而 BMW 的 LOGO，也跟 BMW 的出身有關，被切成四份的圓圈裡，藍色代表藍天，白色代表轉動的螺旋槳，很有一飛沖天的意象，BMW 的 LOGO 設計，從創業至今基本一致，沒有大改過。

　　很不幸，在創業開張沒兩、三年（1918 年），第一次世界大戰結束，德國身為戰敗國，受《凡爾賽條約》限制，禁止飛機的生產，BMW 只好轉而研發生產摩托車，1923 年 BMW 推出 R32 摩托車，雖然售價高昂，但是性能優、外型佳，車款始終頗受市場歡迎。

　　1929 年，BMW 開始生產汽車，陸續推出 303、315、319、320 系列轎車。車頭部份採用了著名的「雙腎」水箱護柵造型，雖然經過歷代的改款，但「雙腎」基調卻直至今日都沒有變過。

　　另一個是技術上的堅持，自 1917 年工程師馬克思・弗利茲研發出直列六缸航空發動機，日後改行在陸地上跑的 BMW，一樣固守直列六缸引擎。1935 ～ 1945 年間，德國在歐洲掀起了第二次世界大戰，BMW 又回到老本行，生產與研發摩托車與飛機發動機，甚至製造出德國第一代的噴射發動機，而汽車的研發與製造，卻因工廠被盟軍炸毀，被迫停擺。

戰後復興

　　二戰結束後的 BMW，慢慢地從廢墟中重新站起來，從開始幫忙盟軍修車、製造家庭五金，慢慢找回自己的經營方向，到了 1952 年，推出 501 系列四門

房車，隨後的 507 系列更是經典車款。雖然 BMW 的產品還是頗受市場歡迎，但是歐洲經濟發展在二戰後停滯，加上家族企業公司內部管理問題，讓 BMW 在 1959 年差點被對手賓士給收購了。金融家赫伯特出手，購入大量 BMW 股票，頓時成為 BMW 的大股東，有驚無險地保住了 BMW 這塊招牌。

隨著全球經濟好轉，帶動消費者對汽車的大量需求，加上專業經理人的管理，1960 年代起，BMW 開始谷底翻轉。1970 年代，3、5、6、7，系列車款陸續登場，BMW 終於站穩了頂級汽車的市場。

賽車場上爭雄搶眼球

1972 年，BMW 創建了 M 部門，專門研發特殊的 BMW 運動車款與賽車改裝套件。此後，BMW 開始了「M」系列的噴射式發展。

M 一字取自「BMW Motorsport」中 Motorsport 的首字母「M」。1992 年時 BMW 將 M 部門獨立出子公司，並在隔年將公司名稱簡化成為今日的 BMW M GmbH。

從 BMW 做出第一輛摩托車開始，BMW 就熱衷於參與賽事與舉辦賽事，從 1929 年的阿爾卑斯山拉力錦標賽開始，到 1980 年，BMW Motorsports GmbH 宣佈投入 F1 賽事，當時已能打造出 800hp 馬力的 1.5 升渦輪引擎，在 1982 年提供給 Brabham BMW 車隊使用，並順利在 1983 年拿下世界冠軍，由於風評極佳，其他車隊也向 BMW 購買此款引擎。

汽車業跟運動用品的品牌一樣，如果自家的贊助選手使用自家產品，在競技場上戰勝對手，那麼，英雄的形象就會烙印在自家產品與企業形象上。像是NIKE、安德瑪（UNDER ARMOUR）、BMW、保持捷等，都是走這樣的路線。

英雄電影與 BMW

BMW 算是很早就開始進行置入性行銷的汽車業，BMW 的新車或概念車大量出現在 007 系列電影、《不可能的任務》等英雄大片裡，效果可見一斑，我在此整理一個表格供大家參考：

電影	出現車款
007 第 17 集《黃金眼》（GoldenEye）	BMW Z3
007 第 18 集《明日帝國》（Tomorrow Never Dies）	BMW 750i BMW R1200
007 第 19 集《縱橫天下》（The World Is Not Enough）	BMW Z8
《不可能的任務 4》	BMWX3、Z4、i8
即刻救援 2	大 7
玩命快遞	BMW E38 735iL

BMW 的關鍵印象與品牌行為

以上都是 BMW 置入性行銷的經典範例（當然還遠不止這些），我手邊雖

然沒有很明確的數據，但我敢說，BMW 在英雄電影中的出鏡率應是遠超過其他品牌的汽車。

後來，BMW 乾脆自己操刀，找了許多知名導演拍起了英雄微電影，2002 年的《The Hire》系列（那時候還沒有微電影這樣的詞彙），到 2017 年的《The Escape》系列，都在廣告界與汽車界引發震憾，也似乎只有 BMW 可以撐起這樣大手筆的製作，而這樣的英雄電影，也對這樣的英雄品牌有意義。

BMW 的傳說，就像關羽騎著赤兔馬一樣，在這個世代流傳著，這邊我也發思古之悠情，為這段文字下個小總結：「古有英雄跨良駒、今日英雄開寶馬」。

軍用飛機發動機製造商、飛機螺旋槳 LOGO、軍警用重型摩托車、參加各種賽事，F1 賽車冠軍，007 的座駕、大量出現在英雄電影裡、公司自製英雄微電影、中文翻譯為「寶馬」。BMW 的英雄品牌行為這麼的一致，一次次地把形象刻印在消費者的腦中，想忘也很難忘掉。

BMW 與賓士（奔馳）

中國大陸對於德國雙 B 汽車有句名言：「開寶馬、坐奔馳」，這句話正好很鮮明地幫這兩個品牌，做出定位。

我們常在美國警匪電影中，看到一對警察，在拿著鑰匙上車時，有以下的對話：

A：「誰來開？」

B：「當然是我來開！」（比較 man 的那位主角搶到鑰匙，上車發動引擎……）

在華人世界裡，充當司機通常是地位較低者為地位較高者服務的一種表現。但在這個情境裡，開車的那個人卻可掌控整輛車，掌握方向：「我身為一位領導怎能讓下屬掌控方向呢？」不管是《CSI 犯罪現場》、《犯罪心理學》等美國大片裡，要是出動整個小隊，開車的人大都是小隊長，男女搭檔出勤，男性開車。（日本的影片則會反過來，是菜鳥新人開車）

英雄原型的 BMW，當然也強調駕駛的快感，把最好的位置設計在駕駛座，讓車主有如騎著寶馬出征的感覺。這類的車主，在我們車界管他叫「前座買家」，相同的邏輯也可以套用在各類跑車上面。

像賓士、勞斯萊斯、賓利這類的大型豪華轎車，設計是讓司機幫車主開車，車主是坐在後座當大爺的（後面統治者原型會再多做介紹），因此設計的重心在後座，乘坐舒適是重點，而這一類的車主，在車界則管他叫「後座買家」。

BMW、賓士兩個品牌都是德系高階好車，品牌精神卻有著微妙的區隔，可以滿足不同的原型愛好者。

最 MAN 的香菸──萬寶路

菲利浦‧莫裡斯公司生產的「萬寶路香煙」（Marlboro）已連續十多年成為全美香煙銷售冠軍。1954 年以前，菲利浦‧莫裡斯公司僅是當時美國 6 家

主要香煙公司中規模最小的一家，而他們的香煙多是針對女性市場，當時究竟發生什麼事，讓它們突然轉性，搖身一變成為美國第一大香煙品牌呢？

話說 1950 年代，當時美國市場上販賣的大多是無濾嘴香煙，此時，越來越多的醫學研究告訴大家，抽煙會導致肺癌，香煙於是跟肺癌、肺部疾病畫上等號。面對這些強而有力的媒體報導，香煙廠商一開始還可以大力反駁，但到了後來，大量的反煙團體陸續出現，控訴抽煙會危害人體健康，吸煙有害健康變成眾所皆知並認定的事實，煙商已經無法再做辯駁，只能默認。

■ 牛仔展現出自由、粗獷、豪邁的雄性形象，奠定了萬寶路香煙在各國消費者心中統一、完整、深刻的形象基礎。

這時，帶有濾嘴的香煙，或多或少會讓人有種印象，認為它可以過濾掉一些有毒物質，但在當時的美國，抽有濾嘴的香煙會給人一種「那是給女人抽的」、「娘們的煙」的印象。

菲利浦・莫裡斯公司跟廣告公司合作研究後發現—未來，帶有濾嘴香煙不光是女性會買單，也會成為整體市場的新趨勢，於是大膽推出針對男性有濾嘴的萬寶路香煙，再配上獨特的硬盒包裝，上市之後，美國香煙市場出現大洗盤，萬寶路香煙頓時成為美國最暢銷的品牌。

萬寶路在行銷上針對男性，廣告也下足了功夫。萬寶路香煙電視廣告、海報中出現的人物，全部都是道地的美國牛仔。這些牛仔展現出自由、粗獷、豪邁的雄性形象，再與廣告中令人一聽就印象深刻的配樂完美結合，配上經典廣

告詞：「哪裡有男人，哪裡就該有萬寶路。」（Where there is a man, there is a Marlboro.），一切水到渠成！

除了香煙濾嘴、獨特的外包裝外，萬寶路在全球貫徹一致性的廣告行銷策略，成功奠定它在各國消費者心中，統一、完整、深刻的形象基礎，萬惡的美帝香煙，從此飄向全世界。

我個人生平最討厭的就是菸跟酒，但是我不得不佩服萬寶路。香菸不是好東西，不過也可惜，現在世界各國的趨勢是反對菸品打廣告的，我們再也看不到這麼 Man 的經典產品與廣告的結合。

FedEx 使命必達

說起一般貨運、快遞公司，我們希望它運送速度快，並且要確保我的貨物完整安全。多年來，貨運公司不外乎就是喊出這樣的口號，這些業者的宣傳行銷看起來也都半斤八兩，似乎沒啥區別。

但 FedEx 就是特別，它的廣告重點不是天上的飛機或奔馳的貨車，而是跟你第一線接觸的貨運司機，並把這些貨運司機塑造成英雄。自 2005 年開始，FedEx 就開始委託 BBDO 製做一系列廣告，這類廣告的基模大概如下：在送貨的途中，司機碰到困難，他呼喚團隊，巧妙運用了一些巧思，終於解決困難，達成送貨使命。廣告最後還不忘加上一句：「FedEx 使命必達」。

我得承認，我自己被這廣告嚴重洗腦，偶爾我的公司收到 FedEx 的郵件時，看到送貨司機帥氣的紫色制服，我都會開始想像，這個傢伙送貨到今天，

他是不是也曾一一克服過千奇百怪的大小困難。

　　這幾年，行銷品牌這檔事，已經不光是行銷單位要花心思的業務了。很多部門如果想要有好的表現，都需要品牌加持。財務投資部門，要找投資人投資，要有好的投資品牌。人力資源部門要能找到優秀的人才進來企業，要有好的雇主品牌。FedEx 這一系列廣告，相信幫徵求快遞員這件事情上幫了不少忙。我們前面提過，品牌的定義是：「告訴這個世界我是誰？」而 FedEx 便成功地告訴全世界：「我們的司機是使命必達的英雄。」

觀察與建議

　　英雄原型是很「強烈又鮮明」的原型，一講到英雄，大家腦中馬上就會浮現很 man、陽剛、勇敢的畫面。這樣的品牌操作，雖然全世界各地都看得到，一點都不新鮮，但是消費者就是買單啊！一如英雄電影裡，翻來覆去就是那樣的情節，但是觀眾就是愛看啊！

　　如果你的產品或服務要強調雄性、力量、勇敢等特質，那麼就大膽啟用英雄原型吧！如果你是經營重工業，英雄原型也很能代表你。

冷知識五四三
如果你仔細觀察《不可能的任務》系列電影裡的車輛，你會發現，好人這邊都是開 BMW，壞人則大都開賓士。

切·格瓦拉與顛覆者原型

那些反對威權、搞革命、行事風格特異的傢伙,他們遊走法律邊緣或者根本逍遙法外,他們壞壞的,但是壞得很有格。我們害怕他們,但卻又忍不住想多看他們兩眼,他們做到我們心中想做卻又不敢做的事,光遠遠地看,就覺得他們好有魅力。

品牌個性	·**正向**:打抱不平、革新、浪漫、嫉惡如仇、獨樹一幟、勇於創新、突破框架、黑白分明。 ·**負向**:破壞、放蕩不羈、自以為是、憤世嫉俗、憤慨、衝動、破壞、激進、不擇手段、我行我素。
關鍵字	革命、造反、我行我素、反權威、左派、反對、反骨、改革、破壞。
格言	·規則就是立來破的。 ·革命無罪,造反有理!哪裡有壓迫哪裡就有反抗。 ·每個男人心中都有一個壞男孩。 ·離經叛道,驚世駭俗。
經典品牌	哈雷機車、綠色和平組織、MTV 音樂頻道、早期的蘋果電腦。
真實經典人物	切·格瓦拉、披頭四、阪本龍馬、李敖、魯迅、柯 P。
經典戲劇角色	梁山好漢、羅賓漢、蘇洛、V 怪客、古惑仔。
次原型	浪子、嬉皮、浪人、古惑仔、駭客、賤嘴、狂人、白左、憤青。
適合產品、產業服務	槍枝、汽機車改造、刺青、工具、破壞器材、軍火、電玩、青少年用品、衣物。

切‧格瓦拉與與顛覆者原型

本書的編排與章節命名，都是一個原型，搭配一個知名品牌，唯獨顛覆者原型這章，我也來顛覆一下，用個人品牌來說明，而說起顛覆者原型，切‧格瓦拉絕對是開外掛顛覆者原型的經典人物。

切‧格瓦拉，1928 年生於阿根廷的一個富裕家庭，從小接受良好的教育。在他成長的過程中，歐洲跟亞洲發生了第二次世界大戰，不過處在遠的要命王國的南美洲的阿根廷，則完全沒有受到戰火波及，切‧格瓦拉就是在這樣安穩的環境下長大。

當然，一位顛覆者的生命本不該如此順遂，格瓦拉從小患有哮喘，無法上學，所以是媽媽當她的家庭老師帶大他。（這樣有很不順嗎？）19 歲的時候，祖母過世，給他帶來很大的打擊，於是，他不顧家人期望、放棄念工程，轉而去念醫學院。

學業成績很好的切‧格瓦拉，閒暇時候喜歡騎單車、搭便車到處流浪、旅行，四處探訪民情。當時的阿根廷雖是富裕的國家，但是貧富差距極大，他在這些旅行中的所見所聞，對於他在日後搞革命，埋下了重要的種子。

23 歲，還只是一名醫科學生的格瓦拉，跟他的朋友，自稱生化學家的阿爾貝托‧格拉納多離開首都布宜諾斯艾利斯，騎著摩托車去探索過去只能從書上知道的南美洲（這種興奮，就像看了很久的日本愛情動作片的阿宅，終於踏上了傳說中的日本歌舞伎町一番街，看到穿著水手服的日本妹一樣）。

哈雷機車與顛覆者原型

在途中，格瓦拉目睹了社會的不公不義，像是在智利被剝削的銅礦工人，遭到迫害的共產黨人，在秘魯，他們曾在麻瘋病院短暫地工作過，藉此深入瞭解麻瘋病人的生活，那段日子，帶給格瓦拉很大的震撼。

他們花了九個月，利用摩托車、汽船、木筏、馬匹、巴士以及搭便車旅行，有時打打臨工，有時又騙又拐的，總計橫跨 8,000 公里遠，行程包括安第斯山脈、阿塔卡馬沙漠和亞馬遜盆地。這段經歷讓格瓦拉，從一個執綺子弟轉型變成一位革命份子。相關經歷也寫進後來的《革命前夕的摩托車之旅》這本書中，而這本書數次登上《紐約時報》暢銷書排行榜，後來也被翻拍成電影《革命前夕的摩托車日記》。

回國後，他在日記中，為自己的這段旅行寫下了重要的註解：「寫下這些日記的人，在重新踏上阿根廷的土地時就已經死去。我，已經不再是我。」（就像阿宅看了很久的日本愛情動作片，第一次完事後抽著事後煙整理零亂的頭髮，感嘆道：嗯～我轉大人了）

隔年回到阿根廷之後，格瓦拉很認真的學習，通過考試並成為一位醫學博士。他大可舒舒服服地在大城市裡幫人看病，不過內心的顛覆者似乎不停地告訴他，他不能就此安定下來，於是乎，他又計畫了另一次旅行，這次的目的地是更動亂的玻利維亞。

1952 年，玻利維亞的農民跟礦工揭竿起義，推翻了原本的獨裁政權，開始解放農奴，施行社會主義並進行土地改革。革命成功的消息，吸引了整個拉丁美洲崇拜熱血社會主義的熱血青年，齊聚在玻利維亞的首都拉巴斯，其中也

包括格瓦拉。

格瓦拉四處流浪的日子持續著，1955 年，27 歲的格瓦拉在墨西哥的首都墨西哥城，遇見了後來的革命好基友卡斯楚，兩人一見如故，格瓦拉就此成為卡斯楚下一次軍事革命行動的軍醫。

比扯鈴還扯的革命

毛主席說：「革命不是請客吃飯。」但是這群中南美州顛覆者的革命事蹟，比請客吃飯還荒唐得多。他們買了幾艘破舊的小遊艇，糾結了 82 位戰士，還有一批破爛武器，就這樣從墨西哥出發，準備登陸古巴。美國的 CIA 都有掌握情報，也沒有太在意這一群早安少女組。

小遊艇碰到暴風雨，遲到了兩天，也偏離原本預計的登陸地點。本來應該裡應外合的遊擊戰，這下成了大鬧劇。一上岸，這群人就被政府軍追著跑，加上人生地不熟，經過大半個月的逃亡，原本可以弄個早安少女組的 82 人歌舞團，現在只剩下 12 人組成 Super Junior 躲進山區裡玩「奔跑吧！兄弟」。

1957 ～ 1959 年，這兩年間，這群隊伍在山區鄉間打遊擊，並積極訓練武裝農民，另一方面卡斯處透過媒體持續宣揚革命理念，不斷壯大。當時，古巴獨裁的巴蒂斯塔政府十分不得人心，加上美國老大哥也看他不爽，斷絕了武器援助。於是，1959 年 1 月，巴蒂斯塔政府出逃，古巴革命成功。

天啊！這群烏合之眾兩年內，居然就這樣成功了！不是他們實力太強，實在是對手也太豬了！

　　革命成功後，魅力無限又立有戰功的格瓦拉被派任為工業部長，格瓦拉在古巴革命成功初期還常被委以其他重任，1960 年，他出訪中國、蘇聯，甚至登上了《時代》雜誌的封面，他戴著背雷帽，留著絡腮鬍的迷人造型，至此傳遍世界各地，成為反叛青年心中的偶像，這時的他，也不過三十出頭。

格瓦拉還在扯

　　古巴革命成功後沒幾年，格瓦拉與卡斯楚在治國理念上有許多不合之處，格瓦拉心中一直有著「國際主義」的浪漫思想，想要聯合世界上的落後殖民國家一起革命，推翻歐美列強的的殖民統治或政治干預。那幾年，格瓦拉要嘛四處旅行、演說或是在國內接見來自世界各地的革命家。

　　1965 年，心中流著革命熱血的格瓦拉偷偷離開古巴，來到非洲剛果，想要協助當地人推翻法國與比利時的殖民統治。不過，剛果的政治局勢與古巴天差地遠，語言不通再加上當地所謂的獨立運動，

■ 戴著背雷帽，留著絡腮鬍的經典造型傳遍全球。

其實只是幾個部落之間爭權奪利的大火拼，說白了就像是洪興下面幾個分堂起內訌，這些古惑仔根本沒有理念或政治理想。演變到最後，這場革命成了一場比扯鈴還扯的鬧劇，格瓦拉自己也成了鬧劇的主要演員，同一年，格瓦拉的母親在阿根廷過世，格瓦拉人生摔到谷底。

　　格瓦拉徹底檢討自己失敗的原因，發現主因是自己不懂剛果語言與文化，

如果回到熟悉的拉丁美洲，自己應該可以再大幹一番事業，所以，他這次又把眼光落向玻利維亞（玻利維亞到底是哪裡惹到這個魔頭了？）

1966 年， 38 歲的格瓦拉回到古巴，招募了一批有志之士，偷偷潛入玻利維亞。不過類似的劇碼再次上演，玻利維亞的反政府勢力、共產黨勢力，彼此之間不合，加上美國 CIA 這次並未掉以輕心，積極介入，格瓦拉的革命推展一直不順利，只能在山區繼續玩「奔跑吧！兄弟」。

1967 年 10 月 8 日，格瓦拉在一場戰鬥中，中彈被補。隔天，在美國 CIA 的「默許」下，格瓦拉在偏僻的鄉間被處決。

這不就是耶穌嗎？

CIA 跟玻利維亞政府都不想要押解格瓦拉到法院受審，深怕魅力十足的格瓦拉成為媒體的焦點。不過，玻利維亞政府還是幹了一件蠢事，那就是在格瓦拉被槍決後，竟把他的屍體運到一座小城，還邀了不少國際記者來訪。原本以為能夠得到殺雞儆猴的效果，他們想散佈給大眾的消息不外乎是「革命的下場就像格瓦拉一樣，我們才是贏家。」

隔天大量報紙刊出格瓦拉屍體的照片，格瓦拉瘦骨嶙峋，長長的鬍子、散亂的頭髮，安詳的面容裡帶著那麼一絲絲不甘。他的照片，跟一般人心中的耶穌受難像，簡直一模一樣。而那些自鳴得意，站在格瓦拉身旁的軍警，則像是一群得志小人（一邊搓著嘴角上那顆黑痣上的毛，一邊發出嘿嘿嘿的尖笑……），讓人覺得噁心。格瓦拉的死訊隨著報紙四處傳開，格瓦拉的遺容

像極了大家印象中的耶穌，因此，中南美洲開始有人把格瓦拉神格化，當神一樣來膜拜。格瓦拉身前的著作，也開始在世界各地，大量翻印出版。

1960 ～ 70 年代，在美國的嬉皮反戰反政府運動中，就有商人把格瓦拉的頭像印製在 Tshirt 上販售，引起很大的風潮，此後，格瓦拉頭像的 T-shirt 在世界各地的反政府遊行，

■ 切‧格瓦拉在上個世紀已經變成「反政府運動之神」了。

就沒缺席過。世界上只要有任何反政府示威遊行，你肯定可以看到穿著格瓦拉 T-shirt 的年輕人出沒……。

格瓦拉將一生貢獻給群眾與革命，反對威權，自己有機會成為統治階層，但他不要，卻又馬上投身革命，最後死在革命戰爭中，遺容貌似大家印象中的耶穌，而這又剛好趕上美國 20 世紀最大規模的反戰浪潮，這一切偶發的戲劇化過程，成功神話了格瓦拉這位不朽的顛覆者。格瓦拉成了顛覆者原型經典個人品牌。

而格瓦拉的座騎：機車，也是 20 世紀顛覆者原型重要的元素。

哈雷機車與車手幫派

1901 ～ 1905 年，哈雷與大衛森兄弟們，利用工作之餘把內燃機引擎放到腳踏車上，試製出幾台腳踏車並且開始試賣，雖然很像在家就能做的手工業，

但是哈雷與戴維森倆兄弟，憑藉著熱情加上市場上有大量的需求，生意蒸蒸日上。

兩年後，他們去跟美國政府正式註冊公司，這時的他們已不再是一間家庭手工工作室，而是一間頗具規模的小工廠了。

此時美國的福特汽車也開始進行生產線革命，製造出物美價廉的 T 型車，美國家庭、企業、政府開始大量淘汰馬車，擁抱機械與自動車輛，哈雷剛好趕上這個時代。

在都會區，許多城市的道路建設不完善，機動力強的二輪摩托車或是改裝的三輪、四輪送貨車，成為許多商店送貨員、郵差、警察的好幫手。旁邊加上邊車的改裝車，也成為有錢人休閒娛樂或在鄉野間兜風的好玩具。

在一次大戰、二次大戰期間，哈雷也接獲軍方大量的訂單，把一輛輛機車送上戰場。主要用在後勤通信、傳令上使用，其中美國憲兵部隊因為經常要負責指揮交通，穿梭在大部隊之間，因此大量配發摩托車。

說到此處，讀者們應該會發現，此時的哈雷機車感覺很「正經」啊！要嘛拿來送貨，要嘛給軍警使用，一點都不壞壞啊！為什麼後來會變成讓人有顛覆者的感覺呢？(不急，後面會告訴你)

■ 特立獨行的哈雷騎士，就是要有壞壞的感覺。

■ 哈雷騎士用這個臂章告訴大世界，我們就是那 1% 的不法之徒。

我們在美國電影與影集裡，看到這些特例獨行的哈雷騎士，留著絡腮鬍、穿著皮衣、腳踏硬底皮靴，從袖口跟領口間的縫隙，可以看到騎士身上的紋身刺青。

火燄、骷髏頭、閃電、血痕、刀鋒、毒蛇，這些有點令人望而生畏的圖樣，時不時出現在這些騎士的刺青、衣物與機車上。加上這些人大多戴著墨鏡，看起來有些壞壞的，似乎不大好親近……。

不過要是有機會跟這些人細談，你可能會發現，這些「混混」多半大有來頭，可能是醫生、律師、會計師、企業高階經理人，他們平常都有好車代步，騎哈雷機車只是一種休閒外帶點炫耀的娛樂活動。

1% 文化與飛車黨

1947 年 7 月，在美國加州霍利斯特這個鳥到不能再鳥的小鎮，舉辦了機車拉力賽，有四千多名機車愛好者參加。其中也包括幾個車手幫會在裡頭，這個比賽最後演變成大暴動，《LIFE》雜誌也特別專業報導八卦，並且刊登照片。照片中的「流氓」騎在哈雷機車上，旁邊堆了一堆啤酒罐，引發了美國人很大的迴響，又再加深一般民眾對於這些「飛車黨」的負面形象。

這時美國機車騎士協會（這是個很正式又正經的組織）敲敲麥克風，清了

清嗓子，發表了很正式的評論：「99% 的機車騎士是體面、守法的公民，只有 1% 是不法之徒。」

美國機車騎士協會這樣高大上的發言，當然這些非主流幫派要對著嗆回去，乾脆發行 1% 的臂章繡在衣服上，明擺著自己就是那 1% 的不法之徒。

1950 ～ 1960 年代，美國電影由黑白逐漸開始走向彩色，這個時候也開始一系列的「不法騎士電影」（Out Law Film），在這些電影中，皮衣、哈雷機車、玩世不恭開始成為標配，影響了後世的電影與年輕人，一如 1990 年代的香港古惑仔電影。

成群結黨在路上騎哈雷機車，要嘛是真的壞，要嘛是希望讓自己看起來很壞。醫生、律師、會計師、企業高階經理人，在社會期待與工作環境中，必須忍受很多的束縛，騎上哈雷機車，心中的顛覆者原型就被勾引出來，在快速道路上馳騁著，把內心那股狂野吶喊出來，啊～有什麼比這更痛快的。

哈雷機車自 1920 年代開始，除了本業機車，也開始涉足服飾、皮件等周邊商品。如果你想讓人覺得你壞壞的，又買不起哈雷機車，那麼弄到一件哈雷T-shirt，手臂上弄個刺青貼紙，這樣也可暫時滿足一下心中的那個壞男孩夢。

哈雷兄弟可能不知道，現在他的品牌與美國人反叛的精神之間竟有著這麼大的連結。他們當年創造的不只是一種交通工具，更是一群成年人想回歸叛逆的深度渴求。

顛覆者原型暴力電玩─ Diablo「暗黑破壞神」

Diablo 是西班牙文「惡魔」的意思，這款電玩遊戲從我高中開始的單機版（那是個還在用磁碟片的清純年代啊！），一直到後來的網路版，遊戲中的經典。這款遊戲雖然設定還是傳統的邪不勝正，但是卻反其道而行，用負面壞蛋的角色來行銷。

除了暗黑破壞神，還有許多顛覆者原型的電玩，像是 SEGA 開發的「瘋狂計程車」，有別於一般賽車遊戲，你開著計程車沿路狂飆爛罵 FXXX，撞倒垃圾桶、壓過行人、擦撞一旁的警車都沒關係，只為了能搶到更多的客人，賺到更多的錢（我玩的時候，邊玩邊罵，感覺超紓壓的。）

現實生活中的壓抑實在太多了，成人都有這樣的感覺，更何況是被家庭與學校體制雙重壓抑的青少年？這些顛覆者原型的遊戲、歌曲、服飾，或許真的可以幫他們找到一些出口，讓他們可以在合法的範圍內，大大顛覆一下。

就怕沒議題，越戰越過癮─顛覆者網紅

如果想要在網路上當個網紅，除了露奶之外，當個不斷罵權威的顛覆者，也是很容易竄紅的。

我這邊沒有搜集到很完整的資料，不過世界各地流行的網紅，除了那些言論自由管制的國家外，幾乎都有「賤嘴」型的網紅，針對主流權威與文化，不斷地濫罵。引經據典的批判、無的放矢的幹話都會有人看，這當然會引起衛道人士反擊。不過這正中這些賤嘴的下懷，可以呼朋引伴在網路上跟衛道人士大

幹一場，吸引更多的流量與粉絲，像是李敖、朱學衡，都是代表人物。

我也利用 12 原型提出我的一些有趣的觀察，當這些網紅罵的是權威人士類的統治者原型時，只要有道理，基本上都會獲得聲援。而統治者原型人士，大多礙於身份，通常會不予回應。

反觀如果罵的對象是凡夫俗子（弱者），那很容易引發網民群起反攻。2017 年底，一位顛覆者原型的 youtuber，因為去醫院急診室跟護士有衝突，就弄個影片對護士說了一些幹話，這下就引發了全面躂伐。我只能說這傢伙可惜沒來上我的課程，要是有來上課，就會知道要罵也要罵院長甚至衛生署長之類統治者原型。你幹嘛罵人家小護士呢！？真是欠 X ！

觀察與建議

顛覆者與青少年品牌

我問：「人生在哪一個階段，內心的顛覆者最活躍？」
你舉手回答：「青少年。」
我說：「手放下，很好！」

這不用大牌心理學家跟我們分析，大家都有經驗，成長到了十幾歲這個時期，都會經歷一段看誰都不爽的階段，尤其對父母、師長這些權威階層，甚至道德禮教、政府，看誰都想比中指。喜歡穿著破得不能再破的鬼爪牛仔褲、穿鼻環、唱著 RAP、腳踏半虛半實的舞步，將頭髮染成五顏六色的怪模樣，講話故意咬字不清……，這可不就是我們心中，叛逆青少年的形象嘛！

對於品牌擁有者而言，如果你服務的對象是青少年，肯定要懂得跟顛覆者作作好朋友。

顛覆、革命⋯⋯詞彙的的濫用

這幾十年來，在企管界最流行的關鍵詞「創新」這兩個字，肯定名列前茅。緊接著創新大概就是「顛覆」這兩個字。報章雜誌上常看到：「某某廠商研發出 XX 技術，『顛覆』同業。」、「某某業者商業模式大革命，『顛覆』原有業界想像。」其實大多數這類的報導有點誇大，這些業者的創新、突破，可能只是有點跟其他同行「不一樣」就冠上了，顛覆、革命的字眼。

顛覆跟革命，本是政治上的字眼，顛覆者的形象是重點是給人「離經叛道、驚世駭俗」，讓一般人（尤其是衛道人士）不大能接受，覺得他們壞壞的，但又忍不住多看他兩眼。（想想你對哈雷騎士的感覺）。要撐起這樣的品牌很不簡單，要得不斷的「鬧事」，才能讓人覺得他們的存在。回想一下當年的李敖（或是現在當紅的網紅館長），時不時就得在媒體上講些幹話，讓衛道人士摀住耳朵，又讓某些粉絲很爽，這就是顛覆者的經典形象。如果你沒壞成這樣，就別說自己是顛覆者好嗎？！

在華人品牌裡，企業總是比較保守一點，大家總是「和諧至上」。很難見到顛覆者原型的品牌。這是很可惜的一件事，即便在青少年的產品世界，也都被大量國外的顛覆者品牌與產品所佔據，這是很值得所有華人品牌開創者注意的一塊處女地。

冷知識五四三

哈雷大衛森（HARLEY-DAVIDSON）是哈雷與大衛森兩家兄弟共創的品牌。他們也曾傷腦筋到底合組的品牌要叫「大衛森哈雷」還是「哈雷大衛森」，最後覺得「哈雷大衛森」比較順口，所以就定名了。

日後傳到華人世界，我們習慣兩個字的品牌，所以都慣稱哈雷機車或哈雷摩托。

Disney 與魔法師原型

在遠古時候，巫醫、祭司，這些代表人類跟神明溝通的術士，總讓人覺得他們有著神奇的力量，能夠驅除邪靈、趕走病魔，為部落帶來風調雨順。他們的手法特殊，外人看不出來他們的靈動是如何發生的。跟這些神秘的半神人，與他們在結界聖地接觸，是種特別的體驗：可能是安寧、可能是神奇，總讓人搞不清楚，到底是夢還是真？

品牌個性	· **正向**：神乎奇技、不可思議、靈性、奇特、直覺力強。 · **負向**：裝神弄鬼、鬼鬼祟祟、迷信、無邏輯。
關鍵字	魔幻、魔法、神奇、奇妙、神祕、魔力、奇幻、超能力、共時性、第六感、心靈、超自然。
格言	· 相信心靈的力量。 · 願原力與你同在。 · 夢想成真。
經典品牌	萬士達卡、魔術靈、TESLA、迪士尼、皮克斯動畫工作室、夢工廠。
真實經典人物	華德·迪士尼、大衛考柏菲、劉謙、草間彌生。
經典戲劇角色	梅林、鄧不利多、哈利波特、奇幻電影裡的魔法師。
次原型	占卜師、算命師、乩童、法師、靈媒、巫師、巫婆、祭司、魔術師、修士、驅魔師、仙女。
適合產品、產業服務	動畫製作、廣告製作、電影影劇業、設計業、軟體業、美妝、算命、占卜、身心靈課程。

迪士尼的魔法世界

不論是影視業、遊樂園，迪士尼都經營得相當成功，故而常常成為商管學院教科書的成功範例。不過各位是否認真想過，拍電影跟建遊樂園，這根本是風馬牛不相及的兩個行業啊！

我們不妨把時空拉回上個世紀，二次大戰後的 1940 年代，拍卡通電影主要的人才是導演、編劇、畫家、電影行銷人員。

建遊樂園需要土木工程師、機械工程師、建築師、不動產開發商，這兩種行業的行銷手法、商業模式也天差地遠，電影是靠票房收入，可能電影上映半年內就要回收（當時還沒有 DVD 版權這玩意兒，可以讓電影院下檔後繼續賺版權金）；建一個遊樂園，大概是用十年、二十年為單位來回收。電影拍好後就交給發行商去發行，也不需要養員工、維護機械，弄個遊樂園還得教育員工、維護器材、不斷翻新，想起來就覺得累。

不難想像，當華德‧迪士尼大叔決定要搞一個迪士尼樂園的時候，他身邊的這些位高權重、坐領高薪的經理人們，肯定是排山倒海地反對。

「咱們的電影事業搞得好好的，幹嘛去蓋遊樂園啊？！」「咱們領導是不是年紀大了，糊塗了？」

但是華德大叔‧對建立一個夢幻世界的理念，是吃了秤砣鐵了心，在他的不斷努力下，第一座迪士尼樂園於 1955 年在加州開幕。迪士尼先生 1966 年過世，過世前還在不斷為佛羅里達州興建第二個迪士尼樂園操勞著。

DISNEY 與魔法師原型

　　我介紹迪士尼大叔的角度，不是從他多有創意或鬼才談起，也不想談他筆下所創作的那些經典人物。我想談的是他對魔法世界的憧憬是如此強烈，讓他晚年幾乎把所有心血全都投注於此。

新世紀魔法師：淋漓盡致地活用新科技

　　魔法師給人的感覺是他們擁有神奇的力量，跟著他們的指示，我們可以進入另一個世界。迪士尼在上個世紀，電影這個新科技剛剛開始問世的時候，的確「持續地」帶給觀眾如魔法師一般的神奇感受。

　　像是 1928 年的第一部有聲動畫、1932 年的第一部彩色卡通動畫、1955 年的第一座跟電影有關的卡通主題樂園，以及隔年開始在樂園裡舉辦的夜間遊行加煙火秀。如果你問我，誰是 20 世紀最有影響力的魔法師？我想，華德‧迪士尼先生當之無愧。

　　1966 年，華德‧迪士尼先生過世之後，他的後人與接班經理人也沒讓大家失望，團隊持續地讓我們感受到魔法的力量，不斷不斷地推出新的創作，而且都是應用當時最新的科技技術：立體身歷聲、杜比環場音效、立體電影、3D 動畫、4D 動畫、VR 等，許許多多我們現在習以為常的影音科技，在當年可都是迪士尼首先開始研發或應用的。

科技魔法師─尼古拉‧特斯拉

　　關於尼古拉‧特斯拉（1856 ～ 1943 年）這個人，教科書上說他是個科學家，不過與其說他是科學家，很多補風捉影的報導都說他是外星人。特斯拉出

現在許多小說、電影及電玩遊戲情節之中，說起他神奇的一生，就像是開了外掛的魔法師，他想出了很多現在看起來都很屌的黑科技，例如無線電、搖控技術、太陽能、X 光、交流電、死亡射線等。

特斯拉沒有受過完整的大學教育，在他的自傳裡，他敘述自己產生靈感就像是通靈一樣，腦中會出現奇特的畫面，一陣炫光讓他很痛苦，但是卻會因此產生很有靈感的幻象，而他就是在幻象裡找到想要的解答……。大多數的科學家或工程師要設計實驗或器具時，都得畫出設計圖甚至做出模型後才能進一步驗證，但他老兄就是屌，只需在腦中想過一遍就知道結論了。

1884 年，特斯拉離開巴爾幹半島的家鄉來到美國闖天下，他被介紹到發明大王愛迪生那邊工作。特斯拉發揮長才，幫愛迪生解決不少工程問題。不過因為愛迪生不願意支付一筆有關發電機的發明獎金給特斯拉，特斯拉負氣出走，順便成立了自己的公司。

電的魔法師

特斯拉在紐約成立了自己的公司，並且四處表演，像是可以隔空點亮燈泡，或是讓高壓電穿過自己的身體，點亮手中的燈泡，還有著名的特斯拉線圈，光彩絢麗的電弧，即便在現代，我們看到還是會忍不住讚嘆。也因此，特斯拉得到「電的魔法師」的稱號。

當時特斯拉四處表演，不是想當網紅進入演藝圈，而是想推廣交流電的使用。當時在美國，電力系統主要是愛迪生集團提供的直流電系統，愛迪生當然看不慣有人跟他打對台，兩邊就槓上了。（跟發明大王槓上，這是跟錢過不去

啊！）

特斯拉的晚年，一邊打官司，一邊從事發明創造。但是研發工作很燒錢，又無法得到立即的商業收益，特斯拉晚年很窮困欠了一屁股債。1943 年，他在紐約過世，過世前他還在研究死亡射線。身為一位科幻迷，我相信他是被外星人收回去了。

講這麼一大段特斯拉的故事，主要是想告訴
大家，其實工程師跟魔法師之間並沒有太大的隔閡，如果你懂得包裝，大可在觀眾面前以魔法師

■ 特斯拉素有「電的魔法師」
的稱號。

的身份做表演，像是特斯拉汽車的執行長，伊隆‧馬斯克，也很懂作秀。

2003 年成立的特斯拉汽車，就是創辦人跟特斯拉致敬。特斯拉汽車後來的發展，還真不愧對這個品牌，車子的性能、周邊系統、商業模式，在在讓人驚豔。拜託你們除了當好魔法師之外，也請好好賺錢，讓公司順利營運下去好嗎？（跟特斯拉學魔法就好，別跟他學理財。）

萬事皆可達─萬事達卡

1966 年，美國有四間銀行成立了銀行卡協會（Interbank Card Association）組織，1969 年銀行卡協會買下了 MasterCharge 的商標品牌，統一了各發卡銀行的信用卡名稱和式樣設計。1979 年，MasterCharge 正式改

名為 MasterCard.

1997 年，萬事達卡展開「真情無價（Priceless）」系列廣告，其著名的 SLOGAN 是「There are some things money can't buy. For everything else, there's MasterCard.」翻成中文是「萬事皆可達、唯有情無價」。

我不得不說，這個廣告標語的中文翻譯真是妙呆了，中文的意境甚至比原來的英文還棒，而且還把萬事達這三個字內嵌在裡頭，字數剛剛好工整對仗並且壓韻。

相信這一系列的廣告你我都看過，他的背景大概是親朋好友們一起做某件事，其中有花費，而旁白會將這些花費一一唸出來，但是，親朋好友間的真情互動是無價的。我試著找到最早發行的一部廣告，從頭到尾只有輕音樂，搭配旁白，劇情大致如下……

背景：爸爸帶著兒子去棒球場。
旁白：兩張門票：美金 46 塊；兩份熱狗、爆米花、汽水：美金 27 塊；一顆簽名球：美金 50 塊；跟 11 歲的兒子真情對話：無價。「萬事皆可達、唯有情無價」。

萬事達卡真情無價系列廣告已經好幾百支，在一百多個國家和地區以超過五十種以上語言播放，而且得獎無數。簡單的概念與意象，讓 MasterCard 與 Visa、美國運通、JCB 等及其他信用卡有了不同的區隔，信用卡有萬物可買的魔力，但更具人情。

化工與清潔用品—魔術靈

在古代，科學家跟魔法師基本上沒啥差別，現代化學也是兩、三千年來煉金術士經驗的衍生物。雖然我們在中小學教材裡，都曾學過基本的科學知識，面對複雜的化工產品，我們對於其神奇的效果，還是會像對魔術一樣感到讚嘆。

像是頑強的污垢，怎麼刷洗都清不掉，用了「魔術靈」居然污垢就自然不見了。不鏽鋼水槽使用久了，都會充滿髒污、失去光澤，但是用了妙管家清潔劑，居然就可以亮晶晶像剛買的一樣。

我向來自詡為一個讀理工科的知識份子，但對於這些化工產品到底怎樣去污、除臭、除鏽、增亮，我真的是毫無頭緒。因此在這些驚人效果發生的那一瞬間，我真的有一點點被施予魔法的驚奇感。

如果你去逛超市的清潔用品區，你會發現有幾個關鍵字會大量的反覆出現，像是「妙」、「魔」、「靈」、「通」。兩岸三地及大華人區，對於清潔用品的翻譯，雖然因為方言等因素，有些差異，但都很喜歡用這幾個字。

看來在華人世界，原型確立後，就容易產生共同語言。

醫藥與醫美

現在科學教育普及，生病去找醫生是天經地義。跟前面的現代化學家與古代魔法師的關係一樣，在古代，醫生大夫跟巫師巫醫，沒有什麼太大的分別的。

我們稱讚醫師很多的成語，似乎也還是延續了我們千年來對巫醫的崇拜，像是：藥到病除、處方靈驗、妙手回春、起死回生（最後這個就誇張了點）。

我相信大家吃藥擦藥的經驗也是這般，通常你到診所或醫院看完病拿了藥，你應該也看不大懂藥單上面的長長的英文（符咒），反正就照醫生指示內服或外用，病怎麼好的通常也糊里糊塗。

我們吃藥之後的期待，其實跟古人期待魔法及巫術奇蹟沒兩樣，希望吃了退燒藥，一個小時後，燒就自然退了；吃了止痛藥，希望馬上疼痛解除；擦了藥膏就希望馬上消腫止癢。（唉～～～別再說你自己很理性好嗎？這方面的期待，我們跟迷信的古人沒啥兩樣。）

所以厲害的藥廠或是醫療機構，就可以順著這個千年不變的「期待」，應用魔法師原型，對消費者進行行銷。最常用的手法就是 BEFORE（之前）跟 AFTER（之後），尤其是利用影片。0.1 秒前這個女生又胖又肥，臉上長滿的痘子氣色也不好。整型醫美之後（在影片裡只是 0.1 秒的轉場），這個女生變得纖細豔麗又充滿自信的光彩。

理智上我們經過深思熟慮，當然知道這中間一定要經過長時間的手術又得花上大把鈔票，但是在感官上，0.1 秒醜小鴨變天鵝，這不就是魔法嗎？（沒有不可能的，只要你肯來，我們都能化腐朽為神奇、死馬當活馬醫……）

算命，占卜，身心靈課程

在我出社會工作前，我一直以為這是個強調科學與理性的時代。進入職場

工作後，認識的人脈廣了，這才發現算命、占卜、靈學等這類「老師」與「產業」其市場大的驚人。過去幾百年，占卜跟著大眾媒體一起成長，有了印刷術、就有占卜類的書，報紙、雜誌一定會有一小區塊：講講星座運勢、星相、流年，打開電視一定有一堆運勢節目。

有了電腦與網路後，算命網站馬上出現。智慧型手機出現後，這類占卜運勢 APP 也立即一堆上架。就連宮廟裡頭：算命、解夢、問事、安太歲、批八字、看風水、看時辰、命名等網路服務項目也因運而生。

我們家是個小家庭，對這方面也不大在意。但是我發現只要是在大家庭中長大的朋友，對於「挑日子」、「選名字」、「選號碼」、「看方位」、「合八字」、「問事」，似乎都有長年認識的「老師」提供服務，這類的服務收費一次幾千到幾萬不等，有些時候價錢隨喜，不過都不便宜。（早知道當年就去學這些了，出國念什麼創意學研究所嘛！）

而且隨著年齡增長，我發現相信這類「超自然力量」的人，很多都是擁有高學歷的人。像是不少大企業的老闆、政治人物都有「國師」，指點開工動土時辰、辦公室方位，你可能聽過，要請這些國師出馬，紅包幾十萬跑不掉。

根據內政部 2014 年統計，全台灣登記在案的宮廟超過 14,000 間，如果加上沒登記的，我想應該可能超過 18,000 間，這比全台超商加起來（11,000 間）還要多，人類對魔法師的需求，跟科技的進步是一點都不衝突。

當我在寫這段文字的時候仔細想想，雖然現在科學昌明，但是對這種「超

自然力量」的崇拜及內心的渴望，似乎並沒有因為科技進步而停止，我們心中或多或少都有點「寧可信其有」或是偶爾會希望「奇蹟降臨」。

或許你聽過馬斯洛的需求理論，自馬斯洛後，還有許多學者努力不懈的尋找人類的基本需求，其中，「神靈感」也是眾多需求之一，這也反映了魔法師來到現代，換上了其它的面具，仍依舊繼續為我們提供著服務。

彩票

說到奇蹟降臨，就一定要講講彩票這個行業與行銷。我在整理並收集廣告的時候，意外發現世界各國彩票的行銷廣告，通常基模如下：某位市井小民，內心有個期待，突然走進另外一個時空，充滿了高貴、豪華的事物（他當然會有點不知所措），稍稍定下心來，想起來是自己已經中了彩票，過上好日子了。

許多賣彩票的機構都會說，他們賣的是「希望」。那麼我敢說，買彩票的人，期待的是「奇蹟」。畢竟彩票跟魔法棒、神奇符紙差不多，彩票上面的數碼是神秘咒語，要是跟「天意」對上了，那麼天降神蹟，我在世間的一切問題都可隨之獲得解決，自此進入另一個世界。

觀察與建議

只要這個世界，仍有一部份未知，我們無法推理及明確掌握，那麼就會對魔法師有需求。魔法師幫我們銜接起這一段虛無的推理，提供他們獨到的解釋及特殊的掌握。你的行業要是有那麼點令人搞不懂，試試魔法師原型吧！

冷知識五四三

華德・迪士尼，是著名的電影製片人、導演、劇作家、配音演員和動畫師，他畢生獲得了 48 個奧斯卡獎提名並拿到其中的 22 座還外加 7 座艾美獎，至今為止仍是世界上拿到最多奧斯卡小金人的得主。

▋ 三格一致的經典

這是個消費者專注力薄弱的年代，有人說人的專注力不超過 10 分鐘，也有一說是 3 分鐘，我還聽過 18 秒的。不管是哪個數據，反正要在眾多類似的產品、資訊中，又要讓消費者注意到你，又要印象深刻？那真的是很困難的一件事。

要怎麼做呢？**一致的資訊傳遞**，似乎是唯一的法門。一個剛出道的小歌手，讓大家注意到他的最好方法，就是一直穿某一套打歌服，在各綜藝節目中反覆出現，一直唱同一首歌，大家就會對他有強烈印象了。

如果說到產品的話，像是大同電鍋，就是個經典案例。這麼多年來，同樣的造型，反覆出現。（即便大同公司這幾年經營頻出狀況，但是大同電鍋這品牌，消費者還是很認同的。）但是問題來了，很多企業的產品跟服務，一代代產品疊代快速，像是手機、筆電、3C 產品、服裝……，可不能像大同電鍋一樣好幾十年不變，那得怎麼辦呢？

解法說簡單也簡單，說難也難，就是從元件技術、產品到品牌都保持原型一致。下面舉幾個成功案例：

英雄原型與 NIKE

Nike 在 1982 年推出的 Air Force 1 是開啟 Nike 王朝的一個重要經典，我

們來分析一下這個產品。第一是技術上的突破，Nike 成功將氣墊放入高筒籃球鞋裡，這是產品技術上的大突破。接下來名字取得超級好，AirForce 1 英文是空軍一號的意思，但是也有空氣的力量的意思，那個 1 剛好也代表 Nike 在這一系列的第一雙鞋，語帶三關。而 Nike 又是勝利女神，會飛、有速度。這產品的廣告，找了六位湖人隊的明星在機場拍廣告。

從產品元件技術、產品名稱、品牌原型、廣告，產生的意象環環相扣、又十分一致都很陽剛、很英雄。而且都跟 Air 有關聯，難怪之後 Nike 都放不下 Air，大多鞋類產品名稱都帶著 Air。而 Nike 的 Logo 又有著勝利女神翅膀的意涵，將 Logo 放在鞋子的兩側，就像消費者踩著會飛的翅膀。

NIKE AIR FORCE 1 三格維持一致都很英雄

元件規格	氣墊 air cushion	空氣的力量
產品性格	Air Force 1	空軍一號
品牌人格	NIKE 勝利女神	會飛的女神

1980 年代是 Nike 起飛的年代，1982 年 Air Force 1 成功之後，1985 年推出 Air Jordan，飛人喬丹老兄那幾年的表現跟 Nike 的業績一樣，節節高飛。1987 年 Nike 又推出 Air Max，設計師霸氣的把氣墊給露在外面，秀給消費者看。（我沒騙你吧！這鞋子裡真有氣墊啊！）

1988 年 Nike 迎來堪稱史上最強 slogan：Just Do It！這時 Nike 已經拉開跟其他運動品牌的差距，跟運動界老大哥 Adidas 並駕齊驅。這精采的十年，在產品開發與品牌行銷上，我說 Nike 都很英雄原型，大家應該會很認同吧！不信？！請見下表

1982	FORCE 1	第一雙有氣墊的高筒籃球鞋
1985	AIR Jordan	飛人喬丹代言
1987	AIR MAX	MAX 這個字夠陽剛吧
1988	Just Do It	這經典口號簡短有力！

Air Force 1, 經典產品，年年都有產品疊代上市，已經有二千四百多款。Air Jordan 火紅到 Nike 要為喬大哥獨立出一個子品牌。Air Max 也是幾乎年年復刻，上述產品，都是 Nike 三格一致的成功基模。

三格一致

這邊我要回應前一小段我提出的問題，產品一代代更替，廣告一個接著一個拍，要如何維持一致。Nike 這邊做出教科書籍的經典示範，就是其背後的原型都很一致：英雄又陽剛。

我敢說世界上推出產品頻率或推出廣告頻率比 Nike 還多的企業應該不多吧！Nike 這方面做了很好的規劃，有了陽剛的英雄當指導方針，整個企業有了強烈的內部共識，再把這共識傳達出去，全世界一下子都接受了 Nike.

怎麼都是歐美貨啊……？

當我在利用 12 原型為框架，整理這些經典品牌時，不禁感慨都是歐美貨啊！更殘酷的說幾乎都是美國貨啊！就連最早進入開發中國家的亞洲工業大國日本，都沒有啥品牌被我收錄進來。我們也都知道美國這些經典品牌的生產基地，幾乎都不在美國本土，大都是在中南美洲、亞洲，但是他們就是有辦法創造出一個個三格一致的產品 + 行銷整合計畫。

長期維持一個品牌不墜，這不光是工業技術，還需要強大的文化底蘊做支撐。美國海納世界各國文化，有強大的工業技術做靠山又是管理學的先驅，這些優勢讓其他國家追趕起來，都看不到他的車尾燈啊！

唉……兩百年前，咱們被歐美軍事殖民；一百年前，咱們被經濟侵略；現在則是被品牌洗腦，各位同志！我們要加油好嗎？

硬是被我找出來的台灣案例─勝利體育

話說這幾年，我拿著這些歐美案例四處講課，協助廠商，一方面也在尋找本土的經典案例。2017 年我在勝利體育上完課，同仁們下課的時候很興奮跟我說：「老師！我們也有三格一致的經典！」

1968 年勝利體育在台灣創業，一開始是生產羽毛球，後來又陸續擴大產品線到羽球拍、羽球鞋、球衣…等等產品，是個專業的羽毛球相關產品生產商。其產品規模與品牌影響力，僅次於日本 Yonex（優乃克）可以說是台灣之光啊！小弟我第一份工作是在工業技術研究院工作，當時我也是羽球社社長，也是勝

利羽球的愛用者。

2000 年，勝利體育的生產及市場重心轉移往中國大陸。2008 年，勝利體育推出「拳頭產品」亮劍（BRAVE SWORD）羽毛球拍。長期打羽毛球的球友應該都知道，自 1980 年代羽毛球拍使用碳纖維生產後，這幾十年來，似乎羽球拍就沒有甚麼大變革過。

2008 年，勝利體育的球拍部門，研發出「菱形動力破風框」。根據我的了解，這個破風框架的特色在於，把球拍框邊緣設計成菱形，在揮拍的時候就可以減低風阻，增加威力。有了技術突破，那行銷上產品命名上，也得有新意啊！台灣的同仁跟大陸的同仁在腦力激盪時，想到當時當紅的電視劇《亮劍》。

《亮劍》2001 年在中國大陸出版，算是史詩級的軍事小說。內容大致是說主角李雲龍經歷抗日戰爭、第二次國共內戰、韓戰，文化大革命，直至 90 年代初這段時期，描寫了以李雲龍為首的一群共產黨軍隊將領，浴血奮戰立下了卓越戰功的點點滴滴，劇中角色都很陽剛，敢愛敢恨性格鮮明熱血澎湃，而且絕對政治正確。

2005 年被改編為同名電視劇，在央視播出。之後在各電視台，也不斷重播。我在網路上查到《亮劍》這十多年來，被重播高達三千多次。（政治正確真的很重要啊！）

羽球拍取名叫「亮劍」，這創意實在是妙透了，也算是一語三關。拿著球拍的選手，比喻成拿著劍的戰士；揮拍跟亮劍，真是絕妙的搭配，加上企業品牌：勝利體育，三格算是完美的搭配。在我的訪談中，公司的同仁相當興奮，

說這亮劍球拍一上市就大賣，馬上變成球拍的主力產品，幾乎年年都有新的一代產品上市，也偶爾會有因應球友需求復刻老產品，亮劍這名字從沒撤下過。

我很替勝利體育高興，雖然勝利體育跟 Nike 比起來規模差了老遠，但是亮劍這一項產品，可以說是羽球界的 Nike Air Force 1，都是經典，值得讓我收進本書，當作教案，勝利體育請加加油，再多幾款三格一致的經典，給我當案例吧！

勝利體育亮劍：三格一致的英雄原型

元件規格	菱形動力破風框	這個破字下得好
產品性格	亮劍	當紅英雄電視劇／意象
品牌人格	勝利體育	英雄原型

兩格維持一致也很屌

還記得 2009 年，我在美國念創意學研究所時，台灣品牌排行第一名的電腦品牌是宏碁，華碩在後面苦苦追趕，但是到了 2014 年，華碩甩開宏碁翻身變成台灣第一的電腦品牌。這幾年就是靠著變形金剛，撐起整個品牌，還帶動其他產品熱賣。

元件規格

自 2010 年平板電腦、智慧手機火熱之後,螢幕觸控這件事已經變得很成熟了。但是打字這件事,似乎還是要有鍵盤才順手啊!你的抱怨華碩聽到了,2011 年華碩推出變形金剛。你買了個平板,再加點錢,買個鍵盤,喀一聲組起來,好樣的,它就是個筆電!

沒多久華碩的變形金剛又更厲害了:你買了個手機,再加點錢,買個平面螢幕,喀一聲組起來,好樣的,它就是個平板!然後,你再加點錢,買個鍵盤,喀一聲組起來,好樣的,它又是個筆電!

這樣變來變去,取名叫「變形金剛」(Transformer)真是妙啊!元件規格跟產品性格很合,而且變形金剛卡通跟電影,也都很火紅。剩下來就看跟華碩的品牌人格搭不搭了。

華碩變形金剛

元件規格	平板 / 手機 / 鍵盤 可插拔變換	變來變去
產品性格	Transformer 變形金剛	聯想到變型金剛 很英雄
品牌人格	ASUS 華碩	詳參我的硬枴

華碩「可能」的品牌人格

華碩的品牌人格並不算鮮明，在台灣大家都知道這個品牌，但是大家也都說不出個所以然來，那我試著從歐美人士的角度來聯想一下 ASUS 這個品牌。

華碩的英文 ASUS 這個字應該是取 PAGASUS 的後面四個字母，PEGASUS 在古希臘是飛馬。這飛馬的故事很長，總之被英雄人物柏勒洛豐（Bellerophon）當作坐騎，打死了噴火怪，所以 PAGASUS 是匹飛天戰馬（一如中國的赤兔）。華碩的 AUSU 又是從 PAGASUS 拆出來，應該也有一點點戰馬的聯想吧！也因為華碩的品牌人格不明確，因此華碩變型金剛，無法榮登三格一致的寶座，但是「兩格半」一致這也很屌了！變型金剛是個技術成功且行銷還挺一致的產品，讓華碩在台灣從老二變成老大，在國際市場上也引起注意。

三星 Galaxy Note 的創作者原型

自從賈伯斯弄出 iPhone 及 iPad 後，他對於使用手指的堅持，感動了各大製造商，讓各大手機平板廠商紛紛「棄筆從指」。一方面是跟隨主流，另一方面也可省下觸控筆的成本，挺好的。不過不是每個人都有靈活的纖纖玉指，或是有些人就是用慣了筆，你居然還要他退化用手指，不合理啊！你的抱怨，三星聽到了，秉持著「跟蘋果對著幹」「蘋果反對的我們就要支持」的精神，三星的 Galaxy Note 都保留的觸控筆，這觸控筆也不光是隻筆，還有許多功能，因此他們取名叫：Smart Pen 簡稱 S-Pen，在三星的 Galaxy Note 8 平板電腦

裡，還相對開發了「我的筆記本」APP。

而且找了蔡康永來代言，來看看下表，你就會發現三星，從產品到行銷是多麼一致。三星（Samsung）這個品牌，沒有很深的意涵，對大多數非韓國人來說，就是個韓文翻譯。不過當一個品牌旗下的產品千奇百過五花八門的時候，我們通常會對這品有點創作者的感覺，像是 3M。

三星 Galaxy Note 8 的三格都很創作者

元件規格	S pen ／ 筆記本 APP	筆跟筆記本 這看起來就很創作者吧
產品性格	Galaxy Note	銀河筆記 有點創作者 也有點智者
品牌人格	三星 Samsung	不夠鮮明，但產品多 讓人有創作者的感覺
代言人風格	蔡康永	演藝圈高學歷創作多講話有智慧的人

滿街都是不成型

在我的課程上我喜歡跟大家打趣說：上完我的課程之後，大家的人生是痛苦的，因為戴著「12 原型」與「三格一致」的眼鏡去看這個世界時，會發現大多數的產品與行銷都不一致，品牌也都不成型，非常不舒服啊！

很多公司的產品與行銷，根本沒有很好的連結，企業內就沒有好的共識，那要怎麼跟外面的經銷商、消費者達成共識呢？

　　不過另一方面，對於那些組織龐大，還能不斷推出一代一代三格一致的產品，並且能跟消費者不斷達成一波波共識的品牌，我不得不獻上我的雙膝，因為這真的不容易，這不是一兩句有創意的口號，或是很譁眾取寵的畫面就能做到的。品牌是企業長久共識的結晶啊！

冷知識五四三

2008 年華碩分家成為兩間公司，一間是和碩聯合科技（PAGATRON），一間是華碩電腦（ASUS），這兩間公司不但把公司的一分為二，也把飛馬 PAGASUS 這個單字給拆分了。

品牌沒有美醜 只有強弱

醜得有特色，就是一種品牌

趙傳當年剛出道的時候，台灣許多綜藝節目都喜歡揶揄調侃他的長相。好吧！他自己都說自己長得醜。但是他利用醜這個特色推出傳唱超過三十年的經典歌《我很醜 可是我很溫柔》這首歌是趙傳的招牌，任何人翻唱，都是在拿石頭砸自己腳。你唱得再好，都唱不出趙傳的味道。就算你的聲音跟趙傳一樣，你也唱不出我對這首歌的想像，這首歌只能由趙傳來唱。

他很拙，但是他很強勢

旺旺的小屁孩 LOGO 在兩岸眾所皆知，這家靠做仙貝起家的小工廠，趕上了大陸改革開放的浪潮，成了食品業巨擘，而且一直是食品業品牌調查的第一名。

我應該不只一次看到有藝術家或設計師，揶揄旺旺很拙的 LOGO，還有很俗氣的廣告，接下來再大罵華人圈沒有像樣的品牌，該跟國外多學學之類的。

這些設計師或藝術家比較的時候，很不公平，拿我們的凡夫俗子原型品牌，去跟國外的知名品牌，像是香奈兒 (情人原型)、NIKE(英雄原型) 做比較。就好像拿

黃渤跟布萊德‧彼特做比較，然後感嘆說：「唉～～中國演藝圈沒有好看的男明星！」這根本不對等。

在國外的凡夫俗子型諧星，也都是長得很「普通」，因為我們對於這類演員的共識就是他不能帥氣、更不能完美，要跟我們這些市井小民差不多（像是豆豆先生）。

在國外也有許多在當地俗氣卻知名的品牌，只是我們沒有在那樣的環境中生活，沒有特別去關注罷了（這些品牌在國外也是被設計師罵翻天）。

確實我們華人的品牌，因為發展得晚，都還趕不上歐美品牌，原因不是他們美，我們醜，而是關於「集體共識」這件事，我們知道的 KNOW HOW 比歐美人士少。

如果用集體共識的角度來看旺旺這個品牌，旺旺這樣堅持一致這麼多年，也剛好他賣的產品，的確是低價通俗的凡夫俗子原型。消費者對旺旺有集體共識，旺旺就是強勢品牌。大陸的老干媽脆油辣椒，俗氣！這麼多年來的堅持與一致，獲得 13 億人口的集體共識，老干媽就是強勢品牌。

我相信大多數閱讀本書的讀者，未來是想進行品牌操作，不是藝術創作。藝術可以評論美醜，品牌就只有強弱。

一致就是強勢

我自己身為講師，我常年觀察我們的同行。有些人剛出道紅得很快，有些

人得默默耕耘一步一步慢慢打開知名度 (像我)。一位成功的講師，首先他要有一定的實力，接下來就是這位講師的「型」跟他講的主題是否一致。

像我認識一位男性講師，我姑且叫他大雄好了，他長得高高大大，濃眉方頭大耳，一臉英雄樣，聲音渾厚充滿英雄的氣概。講授的主題是業務銷售與激勵，每次喊口號，總是一呼百諾，熱血澎湃。他自己的 FACEBOOK 就是他最好的宣傳工具，他平常喜歡重訓、跑步、三鐵，養了隻陽剛的大狼狗，放假就是去看球為自己喜歡的球隊加油，甚至會組團去國外幫中華隊加油。怎樣，夠一致吧！？

我一點都不覺得大雄刻意經營自己的英雄品牌或形象，他就是做自己，他骨子裡就是道道地地的英雄原型，辨識度極高，他只要把他的生活放在網路上，就是很好的宣傳。

我不認為大雄是課程帶動得最好的講師，但是他卻是這類課程最鮮明形象的講師，同學在上課前就會充滿期待與想像，一看到他本人聽到他的聲音，馬上英雄魂就上身了，大雄不見得是最好的講師，但是他是整體品牌行為最一致的講師。對於品牌，一致就是強勢，大雄本人就是個強勢品牌。

為什麼會不一致

之前章節談過，好的品牌三原則：**內部覺得舒服、外人覺得合理、總體表現一致**。那為什麼許多品牌會品牌行為不一致呢？大多數是「內部的舒服」跟「外人的合理」有了衝突。

　　再拿一個講師，也就是我本人來舉例好了，一般人對講師的期待通常是智者原型。尤其老師這個詞，中間有個「老」字，年紀大、扮相老是吃香的。

　　我符敦國在講師界混了這麼多年，當然知道這是大家的期待。可是我這個人骨子裡就是天真者原型，我長得年輕，很喜歡可愛的東西，喜歡去迪士尼，也喜歡裝可愛跟搞笑。

　　我當然可以把自己包裝成智者原型，但是那不是做自己，會很勉強，也會不淪不類。有些人會說那還不簡單，弄點白頭髮，畫妝畫幾條皺紋，留點鬍子，穿一套老成一點的西裝不就得了。這乍看很簡單，但是真的把這些東西往我身上加了之後，你一定會發現：「很矛盾」，「整個氣質」就是不對。

　　這就需要妥協的經過，我想了很久，也跟不少朋友討論做過不少實驗，最後我發現以創作者為主原型，探險家為次原型的形象，是我覺得舒服，外人也覺得合理的原型，也適合我這類教創意的講師。順著這個原型定位，我的 FB 粉絲頁的名稱「創意登機門」就是這樣想出來的。

　　對一般企業家而言，創業就像生小孩一樣，對自家的品牌是很多情感與想法的。尤其是繼承家族企業的二代企業家，家中有前輩有創業的歷史背景，可能還算過八字，還有眾多老臣，因此意見會很多，要整合好這些意見，一致的內外貫徹，真的不容易。此時利用 12 原型來進行溝通討論或引導，可能就有效率得多。(我的課程曾有祖孫檔一起來上課，溝通無礙過程順利。) 品牌不光是對外宣傳，也是對內的自我探索與共識的經過。

PART 3

12 原型與經典品牌III

- 全聯福利中心與凡夫俗子原型
- 香奈兒與情人原型
- 杜蕾斯與丑角原型
- 違反共識的品牌行為
- 複合原型與品牌轉型
- 場景心流與衝動消費

天真者

探險家

智者

英雄

顛覆者

魔法師

凡夫俗子

情人

丑角

創作者

照顧者

統治者

全聯福利中心與凡夫俗子原型

我們都是一般人，當我們同在一起，一起抱怨，互相噓寒問暖，用同理心關照彼此，這樣的感覺真好。我們互相平等，沒有階級之分，就算做生意，我們不過賺點微薄的利潤，討個生活。街頭巷尾看到我們，別忘了打聲招呼啊！

品牌個性	· **正向**：親切感、同理心、平等、平凡、真誠、溫暖、服從、分享。 · **負向**：負向思考、自私自利、受害者情節、無力、無奈、自卑、馬虎、庸碌、盲從。
關鍵字	平凡、小確幸、幸福、親和、和善、分享、共用、同理、平等。
格言	· 走一步算一步，過一天算一天。 · 好死不如賴活著。 · 人生而平等。 · 好東西要和好朋友分享。
經典品牌	全聯福利中心、小米手機、全國電子、家樂福、大潤發、保力達B、三洋維士比、王老吉、老干媽、大眾汽車、旺旺。
真實經典人物	吳念真、趙本山、蘇姍大嬸、全聯先生。
經典戲劇角色	武大郎、多拉A夢裡的大雄、花媽。
次原型	大媽、大嬸、大叔、屌絲、宅男、魯蛇、腐女、上班族、鄰居、無產階級、工人、農民、乞丐、窮人、親朋好友、街坊鄰居。
適合產品、產業服務	· 共享服務：共享單車、共乘服務。 · 強調廉價的產品、服務、通路：廉價超市、廉價航空、低價服飾、T-shirt。 · 大眾公共服務或是類大眾公眾服務：醫院、郵局、自來水、電力公司、大眾運輸（地鐵、捷運、公車）、報紙、市場、雜貨店、計程車。

全聯福利中心順勢轉型

SLOGAN 標榜「實在、真便宜」，全聯先生多年來的形象在在告訴我們，這間店很親民、跟你是朋友，歡迎光臨。

全聯的前身是以販售軍公教福利品為主的全聯社，1998 年民營化改制為公司。我很佩服全聯的經營者在接手軍公教福利中心的時候沒有大動干戈，重新改名換姓例如叫「全聯超市」，反而直接定名為「全聯福利中心」，承襲了原本的名字與形象。

我們家是公務人員家庭，記得小時候台灣還沒有量販店，跟爸爸媽媽去全聯社（軍公教福利中心）買東西，大包小包地買，看到標籤上的價格是一般商店售價的 5 ～ 8 折時，都會不斷地讚嘆：「哇～好便宜喔！」而這樣的福利中心在各縣市都有個幾間，政府透過大量採購合作社的方式運作，免除營業稅，也把利潤降到極低，也算是政府當年補貼公務人員的一種福利。

在我的腦海裡，只要是在全聯社出現的商品根本不用比價，肯定是最低價的。不過當年的軍公教福利中心是政府單位，沒啥好的服務，更別說良好的購物體驗，商品品項不多，亂糟糟的商品陳列跟總是大排長龍的結帳隊伍，甚至就連查驗證件跟結帳的阿姨都會對顧客大呼小叫……，在那個沒有條碼的年代，還會經常算錯帳。

還記得 1999 年左右，當全聯民營化之後，這些原本只能拿軍公教人員憑證進去的「神秘賣場」頓時變成大家都可以進去的商場。因為招牌跟名稱都沒

全聯福利中心與凡夫俗子原型

大改，還是叫全聯（福利中心），所以記得那時候在收銀櫃台，時不時都會聽到有顧客在門口探頭探腦，害羞地問道：「買東西需要證件嗎？」而收銀的阿姨則會大方回答：「不用證件啦！但還是一樣便宜……」門口甚至張貼起手寫的海報「免驗証件！」

這句話現在回想起來，收銀阿姨的回答還真是高段，改組後的民營超市賣場，因為要交稅還要有企業利潤，商品價格不可能再像過去的全聯社那般低價。但是「印象」中，在這裡販售的東西真的真的很便宜！全聯福利中心便承接了這樣的印象，而這樣的印象，在我們這一輩人的心中是怎麼樣也抹不掉的。換句話說，這樣的形象就是這個企業最大的資產之一。

講到全聯就不得不講講全聯先生：邱彥翔，我每次在演講會場講到全聯先生，大家都會印象深刻，但幾乎沒人說得出他的真名是什麼？反正就是一個外表憨厚的男人，看起來老實老實的。

全聯先生這樣憨厚老實的形象，搭配上全聯樸實的價格與風格，讓我們消費者，留下深刻的印象，在台灣通路裡迅速成長，成為強勢品牌。全聯福利中心與全聯先生的品牌成功故事告訴我們，只要原型一致，素人也可以變成明星代言人。

經典凡夫俗子產品──金龜車

在每個大眾汽車的廣告之後，都會有句 SLOGAN：「Volkswagen Das Auto」。若把這句話翻譯中文，意思是「大眾就是汽車」！這麼精簡且強而有

力的 Slogan，也真的把汽車從德國推向
世界廣大的群眾。

■ 永遠的國民車—金龜車。

1936 年，法西斯大頭目希特勒在德
國大選時，提出了簡單易懂的政見：「每
個人都有工作，每個家庭晚餐鍋裡都有
一隻雞，車庫裡都有一輛車。」希特勒
以獨到的魅力當選總理，當然也得實踐他的政見。

隔年大眾汽車公司成立，掛著大眾 LOGO 的小車出廠，這可是由設計大
師斐迪南保時捷（對！就是那個保時捷）親自操刀的作品。當時老美在紐約時
報上，諷刺這輛車看起來就像是隻甲蟲，沒想到這句酸話，成就了後來眾所皆
知的金龜車。

沒多久，德國發動了第二次世界大戰，戰爭讓金龜車的生產停止，大眾汽
車轉向軍工武器的生產。二次世界大戰的空襲，讓大眾的工廠遭到嚴重破壞，
二戰結束後，英國政府接管了大眾汽車的資產，大眾汽車又恢復了生產。當時
整個德國與歐洲都在戰後重建，物資匱乏民眾也缺乏消費力，便宜簡單易生產
的金龜車快速地攻占市場，不但德國人自己用得開心，金龜車也開始大量出口
至全世界。

1972 年，金龜車每年 1,500 萬輛的總產量打破之前福特 T 型車所保持的
生產記錄。若自二戰結束後，金龜車恢復生產後的總產量，世界排名第四。（聽
說明年福斯將停產，但我直覺，不久他將會再回到市場）

福斯／大眾，兩岸翻譯大不同

1965 年，當年首部 Volkswagen 品牌車款正式引進台灣，做為德國進口車，即便在德國只是國民車，進口到台灣怎樣也得裝 B 一下，台灣市場小，少量進口加上還得支付汽車進口高關稅，所以在台灣的車價比一般國產車自然貴得多，品牌必須裝得更高尚一點，才能讓有錢人願意掏錢買單。汽車音譯「福斯」，帶有某些德國風情，這比直接翻譯成「大眾」來得有格調一些，也比較符合當時的高端市場定位。

反觀中國大陸，「大眾汽車」與「上海汽車」於 1985 年合資成立「上海大眾汽車有限公司」，不過早在合資成立公司前，兩間公司就開始技術合作，1 年前首部桑塔納成功組裝下線，這也才促成隔年上海大眾成立，大眾汽車正式進入中國市場。顯然在 1985 年，「大眾汽車」進入中國大陸市場的環境背景，跟 1965 年「福斯」進入台灣差異很大。1985 年在中國大陸的「大眾」，是在當地設廠大量生產國民車，翻譯成「大眾」是符合市場期待的。

自 1980 年代，上海大眾汽車引進「桑塔納」，該款車真的成為 80 ～ 90 年代中國的「國民車」，頂峰時在中國大陸汽車市場的占有率超過 60%，總銷售量近 400 萬輛。在 1990 年代的中國大陸，「桑塔納」因為銷售時間長，市場占有率高，與福斯捷達、神龍富康（雪鐵龍 ZX）合稱為中國轎車「老三樣」，出租車最常見的車型，也差不多是這三款。

總之，「大眾」的確成功地走進中國的大眾了。

最強的凡夫俗子宣傳家—共產黨

嚴格說來，共產主義應該是世界上最強大的連鎖行銷專家，1917 年，列寧採用鎚子加鐮刀當作蘇俄的國徽。鎚子加鐮刀，代表著共產黨想要代表的兩個最基層的無產階級群眾：工人與農民。共產黨的理念與思想，在短短不到五十年，席捲了半個世界。

也很可惜，在過去國共不兩立的時代，我們在台灣沒機會好好認識這個超強的宣傳專家，就算有，也是從敵對的對立面，帶著仇視的眼光去批判它。這邊請容我花點時間來幫台灣同胞們腦補一下。（三十多年前，寫這篇，應該會被警備總部抓走吧！）

相對於國民黨，共產黨在國共內戰的年代宣傳做得很「簡約、時尚」，在延安大本營，共產黨員總是穿著粗布衣，住在平房與窯洞裡，知識青年跟農民與工人一起幹活，過著粗茶淡飯類似烏托邦的日子—白天工作，晚上一起學習。這樣美好的畫面，別說得到中國國內媒體的支持，連不少美國媒體都幫忙宣傳。

相對於共產黨的樸實形象，國民黨高官紙醉金迷、貪污腐敗，還有一直搞不定的通貨膨脹，說起國民黨在媒體宣傳上的舉動更是被動到不行，總是被共產黨牽著鼻子跑，共產黨提出甚麼話題，國民黨就忙著滅火，若硬要說國民黨的主流思想與形象，那就是穩定安定。而在那個動亂的年代，穩定也的確具有吸引力，但那是對於大多數住在城市的商人、政客高官、公務人員、少數資產階級們來說具有效果；反觀中國廣大農民、工人、學生們，大夥兒顯然不買單。

最後，國民黨敗下陣來，退守台灣之後，也跟著共產黨搞起農業改革，那又是後話……。

回頭聊聊共產黨，它們強調工人、農人、平民革命、無產階級大革命與資本家站在對立面，看看高掛天安門廣場前「中華人民共和國萬歲」、「世界人民大團結萬歲」的標語，以及毛主席出名的那句「小米加步槍」（幾十年後，還成就了一個中國手機品牌），我們知道凡夫俗子是無力的、恐懼的，所以用歸屬感當訴求：「團結」是很有力量的。而這個詞在各個平民武裝革命裡，也都是反覆不斷出現，例如法國大革命訴求的「自由、平等、博愛」，其實也可譯作「自由、平等、團結」。

不過，你不是個政客，知道「團結」對你有啥屁用呢？

那我改個字眼，「團購」……，這樣你有感覺了嗎？

其他像是共享單車、共享住宿、共享車位、共享 XX、眾籌（群眾募資），這些不也是團結每個弱小的力量，一起完成一件大事嗎？

小米手機

2010 年 4 月，雷軍創造了小米科技，之前雷軍是著名的金山軟件 CEO。

創業初期，很多記者問雷軍，為什麼取名「小米科技」？雷軍說解釋說，希望以「小米加步槍」的精神開始新創事業。連毛主席的名言都搬出來了，這真夠接地氣的了。在創業初期，小米沒有馬上開發手機，而是基於安卓系統開

發了，第三方操作系統 MIUI。

MIUI 的開發完全針對中國使用者需求，不斷與用戶互動，每週根據使用者在網路論壇上的建議進行更新，短短半就積累了 50 多萬忠誠願意互動的粉絲，有了軟體的基礎加上這些「米粉」的加持，小米開始跨足智慧型手機的研發與製造。

2011 年 8 月，小米 1 發布，並且在網路上開賣手機，為了洗刷中國國產手機是次級品的印象，小米拆解自家手機，與三星、蘋果手機來做比較，跟三星不相上下的元件，但是價錢只要三分之一。小米手機在本來已有的米粉基礎上，開始大賣。

2013 年，紅米手機上市，幹翻了所有的白牌手機，相較於其他手機業者，跟通路商、電信商配合，小米一開始就搞網購，直接接受消費者的訂單。

2017 年，除了線上賣手機，小米也開始線下賣手機，搞起了「小米小店」。小米小店只開在縣跟鎮這樣的「鄉下地方」。小米之前累積了不少大數據，這時發揮了功用，可以利用大數據，篩選適合的店主。這些小米小店的店主，大多數都有自己的本業，賣手機可能只是副業，大多數都不見得實體的店面，有點類似台灣的直銷。

在這樣的鄉下地方，有個大家信得過的在地人，大家當然樂於跟他買手機。這種在鄉鎮上，大家都信得過的領袖人物，通常也喜歡做些服務大家的事，現在又能賺點小錢，何樂不為。

小米小店不到一年的時間，開了 20 萬家。（嚇死寶寶了）這種鄉村包圍城市一點一點蠶食市場的戰略，真的跟當年的共產黨把國民黨趕出中國大陸的做法沒有兩樣。毛主席天上有知，應該會給雷軍同志拍拍手吧！

凡夫俗子的行為與心態

向來習慣貪小便宜的行為，喜歡加價購、買二送一、送你購物袋、小贈品。

這邊我寫了這一大堆，不是為了提醒你，如果你是凡夫俗子原型的品牌，你要好好利用上述行銷或促銷手段，反而是要提醒你，如果你不希望把你的產品或品牌搞 LOW 了，讓人有很俗的聯想，上述手段，就不要搭配應用。

我們試著幻想一下：法拉利跑車，門口貼了紅布條：來店賞車打卡送你小餅乾一包。入住本園區總統套房，你就可以把毛巾ㄎㄧㄤ回家喔！完美鑽石，生日當天來店就送你 99 元折價券。買陳年皇家禮炮兩瓶，再送你衛生紙兩包（喝醉狂嘔也不怕喔！）。

我這邊是用了極大的反差，法拉利、總統套房、鑽石等都是高價產品，會買的人自不在乎小便宜，上述標語不但沒達到促銷效果，反而降低了高貴感。我想，如果你是販售法拉利、總統套房、鑽石的業務員，應該不會犯這樣的錯誤。但是我常見到像講師賣課程（智者原型）、頂級養身美容中心賣會員服務（情人原型），還是會有這種「小便宜」的搭配像是、贈品、促銷之類的活動。另一方面，不二價、會員獨享等手段，反倒可讓品牌或服務遠離凡夫俗子的聯想。

觀察與建議

(1) 凡夫俗子無法賣高價，賺的是薄利，所以要靠多銷，量要大。

(2) 網路經營者不可忽視凡夫俗子原型。

(3) 凡夫俗子只能在地化，凡夫俗子品牌很難國際化。

凡夫俗子到其他國家也得入境隨俗。

家樂福、大潤發這兩間大型量販店，背後都是法國商，但是除了最高管理階層是法國人，下面的員工和所有宣傳，讓你一點都不會覺得這是一間外商公司，甚至包括品牌，都是那麼的「親民」。

7-11 在台灣經營多年，許多年輕一輩的會以為 7-11 是台灣統一創設的。（其實是老美創辦的）這些都是外商在台灣成功落地經營凡夫俗子原型的案例。我們常看見台灣廠商在引進國外凡夫俗子品牌時會兩難，以 Pizza Hut 為例好了，Pizza Hut 在美國，算是外賣 Pizza 的平價餐廳，在兩岸有截然不同的品牌經營方向。台灣近年來凡夫俗子化，原本的 Pizza Hut 餐廳幾乎都收攤了，專心經營外賣外送服務，十分在地化（例如很多在地化的口味），價錢也趨於平民化（這十年來幾乎沒啥漲價）。

中國大陸則是將 Pizza Hut 餐廳打造成情侶約會的好地方，外賣外送不是主力，有點情人原型的味道在裡頭，價錢甚至賣得比美國還貴。引進國外品牌的廠商，大都不甘心「凡夫俗子」化，總覺得外商品牌在本土市場應該高人一等，可以自抬身價一點。這其實是個選擇題，沒有絕對的對錯，不過要自抬身價前，有個大前提就是商品，不能只是大規模量產，必須要有特色才行。

再以 Pizza 為例，二十多年前剛引進台灣的時候，是很有特色的食物，Pizza Hut 的確可以把自己包裝成中價位以上的外商餐廳，不用跟美國一樣用凡夫俗子品牌經營模式。但二十年過去了，Pizza 店在台灣百家爭鳴，吃 Pizza 不再是令人感到興奮的新鮮事，母公司對 Pizza 這個產品似乎也沒有太多的創新亮點，在台灣的子公司就算想產品創新，但是連鎖企業產品終究是必須統一規格化，也總不能有違母公司的規範與原則，進行大創新而維持獨特性。

失去了新鮮感後，產品註定改走平價路線，品牌定位也會趨近母公司原本的定位，朝凡夫俗子的路子走。我在這邊大膽預言，一旦 Pizza Hut 開始走進大陸二、三線城市，這也將會是它「凡夫俗子化」的開始。

同樣的狀況也發生在麥當勞、肯德基這類的外商連鎖速食店上，從一開始高大上的洋品牌逐漸凡夫俗子化。同樣是洋品牌連鎖餐廳，Friday 餐廳在美國也算是凡夫俗子的平價家庭餐廳，但是它們的餐點比較不像 Pizza 那麼單一規格化，是需要有經驗的廚師烹調料理的。因此，在台灣經營二十多年，Friday 餐廳還能撐起中高價位（賣得比美國貴），沒有凡夫俗子化。

商業模式沒有對錯，也沒有高低之分，凡夫俗子就應該：做大做廣搶市佔。

(4) 網紅基本上都是凡夫俗子。

2015 年以來的網紅經濟跌破許多傳媒專家眼鏡，明明就只是一個長相中等的女生，不過穿著性感點，唱歌也不大好聽，談吐也不見得有料，每天開直播聊些沒營養的話題，甚至只是開放讓大家看看她的日常生活起居……，這樣

居然也會有上百萬粉絲！？

別懷疑，因為若用凡夫俗子原型來解釋，一切就都合理了。

很多時候，我們看膩了那些帥得過火、美得不像凡人、臉小眼大，腰瘦得不像話的名模，這些明星都經過妥善的包裝，他們的世界距離我們好遠好遠。（試想去看王菲的演唱會，就算你跟王菲揮手揮得再用力，她應該還是不會鳥你的。）我們有時也想看看，只比我們漂亮一點點的小美女、小帥哥，談些跟我們生活也差不了太遠的一些事物，甚至抱怨一些我們也有同感的時事……。在這個小頻道裡，可以有些互動，我可以丟個笑臉，打賞一點點獎金，讓她注意到我加入了，直播主知道我的名字，我們之間有點像是朋友，我甚至有被同理的感覺。

（5）凡夫俗子得來不易，寧可另創品牌，也別隨意將「品牌升級」！

我曾碰過一間賣衛生紙的廠商，經營低價衛生紙產品與通路很成功，可謂家喻戶曉。企業做大後，老闆決定將原有的品牌「升格」，但結果不僅造成通路行銷大亂，把原本的品牌搞得高不高低不低的，還把原本佔得穩穩的低價市場拱手讓人，實在可惜！

過去十多年，在台灣掀起一波「品牌升級」的旋風，許多課程與政府補助計畫正式展開，卻也發生不少像上面這家衛生紙工廠的鬧劇。過去總認為低價產品與品牌，低利潤、會讓人瞧不起。但是「印象」沒有好壞之分，即便是低價的凡夫俗子形象能夠成功建立起來，也是需要長久累積才行，說好聽叫升級，但實際上是殺死原本的形象後再重塑一個新形象。這樣耗費精力，原地拆

掉再重蓋，說實話還不如另找一塊地，新蓋一間來得快些。

　　國際大廠過去都有不少這樣的作法，而且都經營得不錯，例如 SONY 索尼→ VINO 或是 TOYOTA 豐田汽車→ Lexus，以及通用汽車→釷星汽車等，他們沒有放棄原本的品牌，或是硬把原本的品牌「升級」，而是另立一個品牌，各自好好經營，另創一塊天地。

冷知識五四三

大眾汽車公司慣用「風」的名字為車型命名，如 Golf（Volkswagen Golf）車款命名自德文單字「Golfstrom」，意即海灣氣流，與高爾夫球無關。帕薩特（Passat）為熱帶信風；捷達（Jetta）為大西洋高速氣流；寶來（Bora）為亞得里亞海的布拉風；尚酷（Scirocco）為撒哈拉吹向地中海沙漠熱風；波羅（Polo）從德文 Polarwirbel 而來，意指極地氣旋；桑塔納（Santana）是美國峽谷的一種颱風的名稱。

香奈兒與情人原型

「他們問我睡覺的時候穿甚麼，我回說：『幾滴 Chanel No.5』。」

——瑪麗蓮·夢露

說到情人原型，我們多半會馬上聯想到那些具有魅力，傾國傾城的美女，或是眼神會放電的帥哥。他們人見人愛，似乎註定生來就是要吸引眾人注意力的。換言之，他們喚起了我們內心本就強大的性幻想及慾望。

美感、魅惑都圍繞著這些人，我們也渴望擁有這種力量，拼命地透過服裝、配件、香水等手段來改造自己，但是魅力這種事似乎學不來，他似乎就是標誌在那，只能讓我們欽羨不已。

品牌個性	・**正向**：性感、魅惑、吸引力、自信、熱情、風流、倜儻。 ・**負向**：虛榮、虛假、風騷、浪蕩、關係混亂、衝動、情緒化、嫉妒。
關鍵字	愛、情、緣、催情、情慾、迷戀、伴侶、熱情、曖昧。
格言	・不在乎天長地久、只在乎曾經擁有。 ・問世間情為何物，直教人生死相許。 ・美麗是一種態度。
經典品牌	香奈兒、金莎巧克力、PLAYBOY、Gevalia、Godiva、哈根達斯、露華濃、雅詩蘭黛、第凡內、HR、OPPO、GQ、芭比娃娃、華歌爾、黛安芬、ELLE。
真實經典人物	賈桂琳（甘迺迪總統夫人）、馬莉蓮夢露、奧黛莉赫本、瑪丹娜、休葛蘭、布萊德利庫柏、喬治·克隆尼、金城武、劉德華、謝霆鋒、潘安。

經典戲劇角色	維納絲、潘朵拉、海倫皇后、埃及豔后、茶花女、楊貴妃、西施、貂蟬、大喬、小喬、潘金蓮、芭比、白馬王子、唐璜、西門慶。
次原型	豔星、情婦、花花公子、媒人、紅粉知己、女神、情聖、紅顏、小三、妓女、神女、公主、情聖。
適合產品、產業服務	・能讓自己更有魅力的產品：服裝、珠寶、配件、手錶、化妝品、香水、洗髮精、沐浴乳、眼鏡、隱形眼鏡。 ・能讓自己更有魅力的服務：整型、美髮、美圖APP。 ・鑽石、巧克力、化妝品、保養品、衣服、飾品、花。 ・跟美有關的產品與服務：醫美產業、美容、美髮、護膚保養、健身。 ・跟性有關的產品與服務：A片、保險套、情趣用品、保險套、情趣用品、汽車旅館、蜜月旅行、酒等。 ・協助與人產生連結的產品或服務：電信業、郵遞產業、手機、物流、聯誼產業、月老聯誼APP、交友網站APP、婚禮相關服務業、訂婚求婚相關產業。 ・服務／工作／業務人員都是「情人」：波霸餐廳，有些房仲、保險公司、健身房的業務員都一致強調帥哥美女。

不管甚麼年齡，我們都嚮往戀愛的感覺

我認識一位大姐，某天跟她的朋友一起約吃飯，這位朋友經營有小姐作陪的 PUB（這裡姑且叫她媽媽桑吧！），她說她經營 PUB 很「正派」，沒有性交易這類的事⋯⋯

大姐問：「那我就更搞不懂，男人幹嘛花錢去妳那邊喝酒，喝了還不能帶出場？」

媽媽桑：「是的！有時客人有『那方面』的需求，我還得出面制止。」

大姐問：「妳們那邊的客人，大多數是哪種人？」

媽媽桑：「已婚大叔。」

大姐問：「都已經結婚了還⋯⋯」

我把話題接過來，接著問：「小姐要長得很漂亮嗎？」

媽媽桑：「長得正、身材好，當然都是加分，不過這不是重點⋯⋯」

我問：「那重點是⋯⋯？」

媽媽桑：「跟她聊天要有戀愛的感覺。」

最後媽媽桑這句話，已點出情人原型最重要的價值：跟她（他）在一起，會有戀愛的感覺。就算是已婚、有對象的人還是很嚮往剛熱戀時，兩人在一起心動的興奮。覺得跟她（他）說話，即使已經工作累了一整天，還有很充電的感覺。

你身邊有這樣的人嗎？已經有對象甚至結婚了，但是 FB 上的感情狀況不公開甚至顯示單身，手上也不會戴著婚戒，如果你不問，他也不會主動跟你說

香奈兒與情人原型

他已婚或已有交往對象。每每聽他說話，字句間即充滿著曖昧的氣息，眼神不斷放電，讓人很難抵擋他一波波的電波攻勢。

香奈兒與情人原型

可可‧香奈兒，1883 年出生在法國鄉下，是個私生女，父親在她 12 歲的時候，就把她送去修道院，在修道院裡，她渡過了她的青春期。這幾年她學得一手精湛的裁縫手藝，這也是她後來創業的重要根基。

可可‧香奈兒，的前面兩個字可可（Coco），是她 19 歲剛離開修道院時，為了謀生在餐廳歌唱工作的小名，後來她也就一直延用下來。或許是在修道院被過度壓抑也缺乏父愛，香奈兒終身都在尋找疼愛她的男人。另一方面，經濟上的困頓也讓她希望能夠擁有自己的事業，確保衣食無虞。

1910 年，在她的情人阿瑟‧卡伯的贊助下，香奈兒在巴黎康朋街（Rue Cambon）21 號開了間帽子店，生意後來跨足到女裝、配件、香水等，每樣商品都由香奈兒親手設計。

1919 年，阿瑟‧卡伯車禍過世，香奈兒傷心之餘，更專注於工作之上，1920 年代初，香奈兒認識了在法國流浪的俄羅斯大公—狄米崔‧巴甫洛維奇（Dmitri Pavlovich）。在那個動亂的年代，流落到法國的除了俄國貴族，還有許多原本是服務俄國皇室的工匠，香奈兒就是在這樣的機緣下，認識了她的調香師歐尼斯特‧鮑（Ernest Beaux），並請他來調製香水。

經典香奈兒 5 號（Chanel No.5）

香奈兒女士最後選中歐尼斯特為他調製的第五種香水，因此把香水命名為「香奈兒 5 號」（Chanel No.5）。（5 也一直是香奈兒的幸運數字與設計元素，像是五角星、五邊形、五瓣山茶花等，都曾反覆出現在她的各種設計作品當中。）

1952 年，這是美國豔星瑪麗蓮・夢露的頂盛時期，她總對媒體說 Chanel No.5 是她最喜歡的香水。當記者問她晚上穿（wear）什麼睡覺時，她總是微笑地說：「我只『穿』（wear）幾滴 Chanel No.5」

英文裡「擦」香水跟「穿」衣服同樣是用 wear 這個單字，瑪麗蓮夢露這經典的雙關用法，變成了曖昧的經典語。即便香奈兒並不喜歡俗豔的瑪麗蓮夢露，但是夢露的這句話與 Chanel No.5，卻永遠緊緊地扣在一起並且再也分不開了。

1959 年，Chanel No.5 進入了紐約的現代藝術博物館。這香水由法國開始紅到美國遠至日本，並成為全球最暢銷的香水。根據統計，平均每 30 秒便有一支 Chanel No.5 香水售出。

香奈兒經典套裝

香奈兒的店才創業第四年便面臨了重大挑戰，1914 年，第一次世界大戰爆發。當時，香奈

■ Chanel No.5 的瓶身簡單俐落，搭配寶石切割般的瓶蓋。

兒因為痛恨束縛女性的服裝設計，像是過大的帽子加上誇張的羽飾、過窄的裙裝、過多的裝飾，所以一改繁複設計，改走簡潔款式，甚至推出了狩獵式套裝，這在當時的時裝界引發很大的爭議。不過，香奈兒的設計剛好也符合當時社會需求，許多男人因為戰爭上了前線，女人也得走出家裡，開始工作。香奈兒的時裝設計，也成了實用主義的代表，屢屢獲得歐美媒體的大幅報導，香奈兒一舉躍上國際舞台。

一生多情的香奈兒

除了是一流的設計師，香奈兒也是女性主義先驅，更是媒體的寵兒，雖然終其一生未婚，但還是跟許多男性都有過關係。許多道德保守人士，一逮到機會自然就大力攻擊嘲諷她，不過這一點都不減損她的自信與風采，這些上流社會男性走入香奈兒的生命，也對她的創作產生許多啟發。直到晚年，她都還是遊走在許多上游社會的男人當中，而在這些男人眼中，她不只是位企業家、設計師，也是一個會撒嬌的可愛女人。

1971 年，香奈兒女士在巴黎里茲酒店的客房裡心臟病突發去世，享年 88 歲。樂於工作的她一直工作到最後一刻，雖然走得突然，卻也走得瀟灑，留給世人一個美麗的驚嘆號，以及一個經典的情人品牌……。

情人的共通之處：妝與裝

上個世紀在美國紐約，有三個女人開創了全球化妝品產業的先河，也改變了這世界上一半的人口的生活。

赫蓮娜‧魯賓斯坦（Helena Rubinstein）、伊麗莎白‧雅頓（Elizabeth Arden）還有雅詩‧蘭黛（Estee Lauder）。這三位化妝品帝國的女王，在上個世紀上半業，在不大瞧得起女性的西方世界都是靠自己的努力與魅力，創造了自己的化妝品王國。她們有一些共通之處：

(1) 都極富魅力，都愛好打扮自己。
(2) 在成功之後，都曾離婚。
(3) 在成功之後，都曾用美好虛幻的故事來隱藏自己年少的卑微身世。

她們都希望一旦站在世人面前，就是一副完美的樣態。所以我特別用「妝」與「裝」這兩個字來形容她們。一般我們常說「真、善、美」，在她們的世界裡這三個字的順序應該顛倒過來「美、善、真」甚至「真」在他們的世界裡，根本不是重點。這三位女強人的人生重大轉折，又跟前面的香奈兒女士類似。

用這三位女士的名言，可以看出情人原型的一些重要精神：赫蓮娜：「我用畢生精力去建築一所對抗時間的堡壘。」伊麗莎白‧雅頓：「世上沒有醜女人，只有懶女人。」雅詩‧蘭黛：「關於我的年齡，親愛的，那一點也不重要！」

利用情人拉高單價──哈根達斯冰淇淋

記得我當年留學美國時，曾經很失望地發現，原來哈根達斯在美國不算太有名。不過進到大中華市場，透過情人原型的加持（布萊德‧利庫柏、迪麗熱巴代言），整個產品的形象很突出，穩穩盤踞高價冰淇淋市場。

像我很喜歡哈根達斯許多語帶雙關的情挑標語：

「等待只會讓它更甜美」（Waiting only makes it sweater ！）

「無所隱藏」（Nothing to hide ！）

「愛她，就請她吃哈根達斯」（大陸翻譯的標語）

甚至網路上還瘋傳一則，馬特斯（哈根達斯的創辦人）為了一個丹麥女孩而創業的愛情故事（後來被證實是假的）。1996 年，哈根達斯進入中國市場，背後的行銷團隊做了許多「情人原型」的堅持，也讓這個高品質冰淇淋維持著應有的高貴形象與高價位。

大多數的冰品都是採用天真者原型，主打的對象是小朋友，像是小美冰淇淋、福樂冰淇淋、百吉冰棒等皆是，價錢也是走「天真」的低價位。反觀哈根德斯的價位是一般冰品近 10 倍，若走天真者原型，我相信消費者在購買時，情感上一定會很過不去。在我們的觀念裡，跟情人有關的產品與服務本就該付出相當對高的代價。在這樣的情境催化下，消費者多付一點錢自然會心甘情願許多。

情人原型與高價產品

如果你問一個年輕人，什麼時候會花大錢買東西？我敢說很多情境都跟「情人」有關，像是過情人節、幫情人買禮物、買化妝品打扮自己、買一套像樣的約會衣服、香水、飾品、整型、貴得要死卻只能擺三天的鮮花、用半個月的房租去上高級 MOTEL，還有年輕的男性為了把妹去買車，大叔撒大把鈔票養小三等等，樁樁件件似乎衝著「情人」這檔事而來。說到高單價商品，你還真得看看下面這個根本是被創造出來的產品需求。

鑽石恆久遠，一顆永留傳—— De Beers

原來早在一百年前，求婚是不需要鑽戒的。（羨慕～～當時的男人真幸福）。但是一句 SLOGAN，徹底翻轉了鑽石的需求，讓一顆由碳組成的石頭，瞬間變成高貴的珍寶，而且成為東西方普遍認同的文化。

需求是被創造出來的

鑽石在 20 世紀初的時候，跟其他貴重金屬或寶石（翡翠、玉石）沒甚麼不同，除了裝飾或用來切割很硬的玻璃外沒太大功用。鑽石是王公貴族炫富用的，跟市井小民或是中產階級沒有太大關係。

1880 年代，南非幾個大礦區開挖出大量的鑽石，這下「寶」石不寶了。你可能看過不少網路文章，講述戴‧比爾斯（De Beers），如何利用併購或商業手段來獨佔全球鑽石的產量，控制價格。

1939 年，世界各地因為戰亂，鑽石的品質規格良莠不齊，市場價格混亂。De Beers 引入了 GIA 的鑽石 4C 標準，自此全球的鑽石等級，戴‧比爾斯說了算，也變成戴‧比爾斯鼓勵消費者花更多錢買更高等級的鑽石。（好鑽石哪裡去找呢？當然是去資格老、品質好的戴‧比爾斯啊！）

獨霸產能、制定規格、控制價格，只控制了交易的一端，另一方面，也要有夠多的人願意消費購買鑽石，才能撐得起這個龐大的產業。一次大戰結束（1918 年）後，歐洲的王公貴族，要嘛被革命革掉了，要嘛因為戰爭落魄，失去了購買力。戴‧比爾斯得用力想辦法，好消化過多的鑽石產能。剛好當時

出現了電影、廣播、報紙、雜誌等大眾傳播媒體，戴‧比爾斯開始利用廣告，把鑽石推銷給中產階級及平民百姓。這時，戴‧比爾斯找上費城愛爾廣告（N.W. Ayer），想方設法透過各種宣傳炒熱美國鑽石市場。他們的目標是一讓男人求婚時，一定得去買鑽戒。

第一步就是讓鑽石出現在電影、廣播與報章雜誌中，象徵一種愛與永恆的承諾與儀式。他們出借珠寶給當紅女星配戴，在全國性報紙上請名人撰寫有關鑽石的文章，委託社會名流展示鑽石飾品（就是給網紅提供產品試用，並要求寫業配文）。於是，女人們被洗腦了，覺得我的愛人若真愛我，肯定會願意買鑽戒送我。

1947 年，愛爾廣告為戴‧比爾斯創作出經典廣告語「A Diamond is Forever.」

從地質學的角度來看，鑽石是硬度最高的石頭，而且要在地層中高溫高壓數億年，才能產出一小粒結晶。用鑽石象徵永恆，感覺天經地義，也正是這句標語，成功地讓鑽石搖身一變成為求婚儀式的必備品。根據 BBC 的資料，在二戰期間，歐洲只有 10% 的訂婚戒上面有鑽石，但時間走到了 20 世紀晚期，需求量大幅攀升到 80%。

1993 年，戴‧比爾斯透過香港奧美廣告，徵求「A Diamond is Forever.」的中文翻譯，經過半年評比一「鑽石恆久遠，一顆永留傳」脫穎而出（自此男性華人為了結婚陷入財務危機。）

爾後的電視廣告，你我都看過了，男主在一個浪漫的氛圍下，拿出鑽戒，讓女主意外萬分，最後點了點頭，兩人相擁，給鑽戒特寫。

1993 年時，上海新婚夫婦還沒興起要用鑽戒作為求婚信物。而之後的十三年，鑽飾擁有率從 0% 增長到 62%，求婚鑽戒十八年間則上升了 48%。本來在東方求婚，只是男方母親給女方一點手飾，現在非得有顆鑽戒不可。（自此深深種下婆媳恩怨的禍根……）

到了 2000 年，《廣告時代》甚至提名「鑽石恆久遠，一顆永留傳」為 20 世紀最佳廣告語。（老符恨得牙癢癢，又不得不佩服。）

性慾產業

在我上課的時候，有同學問我，哪種原型的線上影片最多又最紅？或許很多人會說搞笑類的。但我敢跟你保證，肯定是情人原型類的。

「A 片」這兩個字一出現，你就會被我說服了。這類影片大概是比其他 11 類原型影片加起來還要多，我也敢說，這類出版品大概也比其他出版品加起來還多。直播節目我也敢說，跟性有關的直播，種類加起來比其他類型的總合還多。

按照佛洛伊德的說法，人的生活驅動力都跟性有關，至少在商業邏輯上，我很認同佛老大的說法。回想起許多新科技的推展，都得感謝跟性相關的內容，像是 1970 ～ 80 年代錄影帶與錄影機能大量快速普及，真得感謝 A 片。

光碟與光碟機的發展是得感謝 A 片。最近流行的虛擬實境 VR，最快的發展與應用，還是跟性有關。這類產業，在許多國家都受法律嚴格管制，而且似乎該有另一本專書來講述，我這本書算是⋯⋯咳咳一本再正經不過的優良讀物，所以沒太多涉獵，在這裡，只是小小提醒讀者，別忘了這龐大的市場。

觀察與建議

愛情與性是人類原始的慾望與衝動，情人原型是很強勢的原型，也因為如此，情人原型被使用得有點浮濫。像是華人歌曲裡，跟情、愛相關的歌曲超級多，咱們情愛這類主題歌曲的比例比歐美高得多。當然還有情愛之後的受傷、療癒類的字眼也少不了。

在華人圈的影視作品中，肯定要有大比例的情愛情節，像是偶像劇，基本上都以情愛為主。就算是英雄片、歷史劇，也總要支線劇情，跟情情愛愛扯上關係。

而小說呢？！除了武俠、科幻、歷史小說，大概在書店裡陳列最多的，就是情愛類的小說了。

也因為文化影視出版品，大量的跟情人原型有關，所以情人原型類產品，可以很容易找到相搭配的出版品、音樂、影視、文化內容，這是情人原型產品與服務的優勢。

冷知識五四三

台灣黛安芬是 1968 年自德國引進的高級女性內衣品牌，英文名稱為「TRIUMPH」，意為凱旋。法國的凱旋門（Arch of Triumph），還有英國知名重機凱旋牌機車等都是使用這個字眼，這個字眼十分陽剛，應該算是英雄原型的經典。

還好當年翻譯得當，沒有叫凱旋牌內衣，順勢將其音譯成黛安芬，這三個字在中文都是完美的情人原型，又有諧音，算是我收集 12 原型資料當中，英翻中的最佳品牌之一。

杜蕾斯與丑角原型

遠古的戲劇，丑角是難登大雅之堂的，算是配角中的配角。在中國戲曲裡「生、旦、淨、末、丑」，丑角排最後，但終究是給了他一個位置。就算是嚴肅正派的報紙、雜誌，通常也會有固定的專區，長期刊載笑話、漫畫等。最近一個世紀，喜劇在市場上越來越受重視，要是沒有美國肥皂劇、脫口秀、中國相聲，我想我根本活不下去。

品牌個性	·正向：樂觀、歡樂、輕鬆、另類視角、愉悅。 ·負向：譏諷、憤世嫉俗、不正經、浮誇、低俗。
關鍵字	搞笑、幽默、歡樂、笑容、諷刺、丑、high、惡搞、惡作劇、無厘頭。
格言	·苦中作樂、人生苦短、即時行樂。 ·如果我們不能戰勝他，至少我們可以嘲笑他。
經典品牌	M&M 巧克力、士力架巧克力、樂事、海尼根、戴瑞斯保險套、保力達蠻牛。
真實經典人物	卓別林、郭德剛、沈玉琳、吳宗憲、艾倫·狄珍妮。
經典戲劇角色	豆豆先生、周星馳扮演的喜劇角色、金凱瑞扮演的喜劇角色、蠟筆小新、濟公、開喜婆婆。
次原型	小丑、弄臣、笑星、說唱藝術家、相聲演員、脫口秀演員、甘草人物、無厘頭、大智若愚者。
適合產品、產業服務	·休閒食品、啤酒、休閒飲料、口香糖、漫畫。 ·讓人害羞不好正面說明的產品，例如：保險套、通乳丸、痔瘡藥、壯陽藥、香港腳藥、狐臭體香劑。

讓人臉紅的產品或服務

在我整理、蒐集丑角原型的產品和服務時，意外發現有不少產品，如果要是大大方方跟消費者說明，肯定會很讓人害羞，甚至有些媒體會不願意刊載這類廣告，所以要透過隱喻搞笑的手法，一方面告訴消費者咱們的產品是做啥的，另一方面也告訴消費者，別太認真，別用太嚴格的道德角度審視我。

痔瘡藥、便秘藥、腹瀉藥

痔瘡是很常見的文明病，痔瘡藥的市場也真的很大。但是介紹肛門與便便畢竟是個讓人覺得噁心、不舒服的畫面。所以幾乎全世界各國的痔瘡藥廣告，多採用隱喻的丑角原型廣告來呈現，這類型的廣告基模像是：

「抓著屁股後面，坐立難安，坐也痛、站也痛的尷尬、誇張表情與姿勢」（痔瘡藥）

「坐在馬桶上拉不出的扭曲表情與拉出來之後的順暢表情」（便秘藥）

保險套、情趣用品、壯陽藥

你一定看過用香蕉代替陰莖的保險套、壯陽藥的廣告，或是看過鳥頭牌愛福好這類型產品。廣告沒辦法直說效果，更不可能給你看畫面，所以只好拐彎抹角來暗喻。像是鳥頭牌愛福好，光是用「鳥頭」來比喻雞雞，就挺有趣的。這一系列的廣告拍了十多年，總是用慾求不滿的妻子角度說出經典標語：「男人不能只剩一張嘴！」就足以屹立不搖多年。

杜蕾斯與丑角原型

再者，這種廣告的雖然內容隱晦、手法搞笑，但傳達也是很挺明白。要是小孩子剛好看到這廣告，搖著媽媽的手問道：「媽媽！這廣告什麼意思？」媽媽大也可以正經地說：「這是要你要用功念書，知道嗎？」（不尷尬下場）

其他還有像「大鵰」、「鷹」、「虎」等，用一堆暗喻的方式讓你知道自己的雞雞還有機會長大，或是可以硬硬更持久，「威而剛」在世界各地刊登的廣告，大都就是採用這種隱喻法與搞笑法來引起注意。

杜蕾斯保險套

杜蕾斯這幾年搞笑的廣告層出不窮，而且搞笑手法是一套又一套。像是2017 年，杜蕾斯在短短一天內向其他 13 個品牌「致敬」。其中 2007 年的父親節廣告堪稱經典，整個廣告只有簡單幾行字：「致所有使用我們競爭對手產品的顧客，父親節快樂。」並且附加一個杜蕾絲的 LOGO。這個令人一看便會心一笑的廣告，清楚點出了使用保險套的男人對「當爸爸」的擔心。

保險套算是一種生命週期很長的產品，這麼多年來，基本功能大概也就是那樣，不外乎越來越薄、越來越滑或是有些「特別外加的功用」，所以，加點「笑果」讓大家比較不尷尬，尤其是保守的華人世界，似乎特別受用。

上述產品的廣告，如果放在 Facebook 或各種社群網站中，除非搞笑化、丑角化，否則你應該不會願意轉貼或分享這類「醫學級」的肛門解剖圖，或是骯髒的下體畫面吧！幽默的比喻讓我們樂於幫這些廠商分享散佈出去。

休閒食品

像是 M&M 巧克力、那幾顆巧克力豆，一天到晚無厘頭搞笑。（有些梗還蠻冷挺難笑的），士力架巧克力甚至找到「豆豆先生」來代言，豆豆先生到處耍寶，效果還真不錯。再者像是樂事洋芋片的廣告還有行銷活動，都是輕鬆搞笑的，像真人夾娃娃機，用真人當作機械爪，去抓洋芋片，抓多少就拿多少。還有微笑包裝等，也在世界各地爆紅。

海尼根啤酒

海尼根近十幾年來的廣告特色，都是找當紅的帥哥美女來拍廣告當主角，但情境卻都是搞笑版的，強調朋友們在一起的愉悅歡暢。類似歡樂搞笑的手法或風格在百威、美樂淡啤酒等啤酒廣告都曾大幅出現。

相對於啤酒，同樣是酒類的烈酒產品，像是威士忌、白蘭地、紅酒、伏特加……等等，通常都走正經路線，使用統治者原型，各位以後看電視廣告時，不妨多加留意一下，這中間的差異。

我幹不倒你，我諷刺你總行吧！

一些商場上大家都明確清楚的競爭對手，尤其是在美國，業界的老二、老三經常會搞一些諷刺性的廣告，藉此跟老大示威一下：像是百事可樂與可口可樂，肯德基、漢堡王與麥當勞，西南航空與美聯航，1990 年代的蘋果電腦槓上微軟等皆是。

　　如果他們諷刺的是第一名的業界龍頭，大家會覺得開心。套句黑道的黑話：「一旦坐上大哥的位子，就是要給大家幹的！」但是反過來講，如果諷刺性廣告是由龍頭發起，那麼多半會讓人有大欺小的感覺，容易引發消費者強烈的反感。所以這種諷刺廣告，通常是由老二或小弟發起，老大只能被動的回應，老大是不能主動出手的。

　　在美國，這些「世仇公司」們似乎約定俗成。尤其是百事可樂與可口可樂，漢堡王與麥當勞，已經變成每年一定要來個一兩次「你打我一拳，我回敬你一巴掌」的歡樂秀。這樣的世仇對抗，似乎成了美國消費者，每年必定期待的創意大戲。（唉，我們華人就是沒這種幽默感……）

　　這類搞笑廣告，比較有幽默感的歐美人士似乎比較買單，在保守的華人大眾傳媒，看不到這種行銷手法。不過在社群媒體越來越興盛的環境下，在小範圍內，例如某網紅自己的 Youtube 頻道或粉絲頁上，大家關起門來罵對手，凝聚共識，增加歸屬感，我敢說這類行銷手法肯定會在未來會越發盛行。

效果好到被迫下台─老喬與駱駝香煙

　　由產品品牌創造出潮流，不只發生在服飾業，美國的駱駝牌香煙創造的「駱駝老喬」（Joe Camel）卡通人物也是一個經典美國產品案例。

　　1988 年，正值 R.J. 雷諾煙草公司的「駱駝牌香煙」成立 75 周年，當時正是禁煙運動紅紅火火之際，加上當年代言「萬寶路香煙」的幾位牛仔（請參看英雄原型該章節）相繼死於肺癌和肺氣腫等疾病，這對香菸的品牌行銷產生

非常大的負面影響。「駱駝老喬」巧妙地繞過了政府禁用「真人代言」的法令，將香煙與青春、活力、幽默、性感等意象聯結在一起。

R.J. 雷諾公司將這隻老駱駝擬人化，並且將它打扮得非常年輕時尚。廣告中的「老喬」和「芭比娃娃」一樣，經常變換各種造型，時而戴太陽鏡，時而穿皮夾克，時而抱著電吉他，時而追求美女……「老喬」似乎在告訴人們，抽煙是一種時尚，是成熟老練、生活悠閒自在的表現。

而在 1991 年甚至有研究報告顯示，「老喬」對於未成年人的超強影響力，6 歲左右的兒童對於「老喬」代表「香煙」的熟悉程度，甚至跟米老鼠和唐老鴨的熟悉度差不多。「老喬」出現後的 6 年內，消費駱駝香煙的青少年人數增長了 10%，讓一直期待培育年輕消費者的雷諾公司樂翻了。

也因為這一系列廣告太成功了，自 1994 年開始，美國許多醫學團體，甚至還有 27 州的檢察長聯名要求美國聯邦貿易委員會禁止老喬廣告，1997 年還正當聯邦貿易委員審查這些控訴時，R.J. 雷諾公司默默撤下老喬系列廣告。不過老喬在其他青少年流行產品，像是 T-shirt、飾品、紙牌遊戲裡，依然魅力不減的存活下來。

像是「老喬」這種輕鬆幽默又帶點搞笑形象的虛擬人物，最容易跨過年輕人內心那條防線，願意試著來上個一兩口。我雖然痛恨煙酒，不過這個故事告訴我們，如果你的產品銷售對象是年輕人，想吸引他們跨過門檻購買產品／服務，輕鬆化的搞笑行銷可以協助你成功，例如有些國家的軍警招募海報，畫面除了老套的英雄原型以外，偶爾也會用用丑角原型影片或是漫畫來呈現反差效

果。民主國家候選人也會用搞笑手段，吸引年輕族群選票。

台灣特有現象──搞笑能量飲料

這一段會跟各位談到幾個基模，第一個是牛跟能量飲料。

美國的紅牛、台灣的保力達蠻牛、深圳的金牛，其他國家我還查到有黑牛、猛牛之類的。這個梗其實很好理解，「牛」從幾千年前就是人類勞動力最好的動力來源，可以協助耕種、運輸、打仗，牛奶可以喝、牛肉可以吃，實在是人類的好助手，所以，搖身一變成為機能飲料的代言人，一點也不衝突。

世界各國的能量飲料大多都是採用英雄原型來發想，畫面上，你大概可以想像得到，某位失去能量的運動員、工作者，一罐 X 牛喝下去後突然活力滿分，又可以超越極限，繼續勇往直前……。

但是，反觀台灣的「保力達蠻牛」廣告卻逆向操作，反覆操作一個基模如下：

主角犯了一個很滑稽的錯誤，配角問：「你累了嗎？」，旁白一聲：「保力達蠻牛……」。字幕出現「精力充沛」。如果按照我前面三格一致的說法，雄壯威武蠻牛應該是用英雄原型比較適合才對，不應該這麼搞笑啊！我想這類廣告剛推出時，肯定會受到某些批評。

後來，對手三洋維士比推出的「白馬馬力夯」，也找了女藝人郭書瑤進行一系列搞笑廣告。經過國內這兩大機能飲料廠商「大力推廣」後，後面的機能

飲料廣告若不搞笑，反而顯得很格格不入。

　　品牌是共識不斷達成的經過，我敢說，廠商一開使用這種搞笑的手法，可能會讓大家心裡覺得怪怪的，但是具備洗腦基模的廣告大量傳播出去，大家久了也見怪不怪，甚至影響對手的廣告也跟進，反而形成另一種特殊的品牌共識，機能飲料的形象就該是這樣。

　　凡夫俗子型的勞工階級，對於品牌文化的深度比較不重視，反而是重覆的廣告基模、畫面、標語，才會被注意與記憶。這類機能飲品本就同質性高，一罐 30 塊錢上下，在路邊的飲料攤購買時若腦中有個印象，單靠這個印象直覺抓了就跑，效果即刻達成。（前面章節講到重覆的重要性，這邊又再次體現。）蠻牛是個成功大賣的產品，不過隨著產品大賣，品牌知名度提升，「蠻牛」這兩個字似乎變成了丑角，似乎就很難應用在其他文化裡頭。外國人搞不懂一頭雄壯的牛為什麼要搞笑，跨出去台灣就沒人懂這是什麼梗。（有點可惜了）。

　　反觀美國的 Red BuLL，廠商很一致地使用陽剛味十足的英雄形象，持續帶動其他產品的銷售，並且走出美國賣到世界各地。一致性且簡化的英雄形象，走到哪裡都可以很快地對當地消費者進行溝通，大家一看就懂，不用太多解釋。

■ 美國的 Red Bull，廠商很一致地使用陽剛味十足的英雄形象。

觀察與建議

　　我發現許多隱晦、不愛明講的產品或服務，大多會採用丑角原型來包裝，一方面閱聽人比較能接受，大家也比較樂於傳播。另一方面，有些多年來都十分「正經」的產品或服務，若改用丑角來說明，可能也會比較顯得耳目一新！

　　順著這個邏輯，下面這些產品或服務若改用丑角原型來表現，「可能」會有意想不到的效果：像是慈善基金會勸募廣告（過去這些廣告行銷都太過悲情了，而且這些基金會大多也不敢太過張揚，怕讓人產生基金會都在撈錢的負面印象）、生前契約、殯葬服務（隱晦不能明講，而且都太過正經）。利用一些隱喻的手法來說明，使人莞爾一笑，倒可能是個不錯的突破點。

　　網路的微影片一定要有搞笑的元素在裡頭，尤其是惡搞的尺度因為比較不受官方控制或電視公司的官僚把關，尺度可以開得更大一些，也因此造就了不少網紅明星。

　　在觀察丑角原型時，我還有個意外發現，如果產品或服務已是眾所皆知的老品牌、老產品，一說大家都知道，不容易有誤會的，那麼很也適合使用丑角原型。像是樂事薯片、M&M 巧克力、啤酒、保險套、衛生紙、礦泉水等。這類產品還有一個共通特性，賣的是什麼消費者都老早知道了，這類產品可能多年來也沒啥變化去吸引消費者目光，所以只好在廣告上花點心思吸引大家持續觀注，搞笑的確是一招，持續的搞笑，也就註定他們丑角的定位了。

　　丑角似乎不是強勢品牌，但是你生活裡不能沒有它。近年來，從大環境趨

勢下便可看出，搞笑是一門大生意。以前，搞笑藝人是上不了中國央視的春晚節目的，但現在，這似乎已成為必要的一個橋段。美國總統每年舉辦的記者招待會，也總會搞笑一下來暖場，換句話說，能搞笑的藝人價碼，開始水漲船高。此外也有配角變主角的例子：像是迪士尼的《馬達加斯加》裡的那群企鵝，本來只是搞笑的配角，然而拍了幾集之後，自己也出了一套動畫《馬達加斯加爆走企鵝》（票房居然有 3 億多美金耶）。這些丑角爆紅，開始從舞台的角落走向中間，大概是我們 20 年前想像不到的，丑角們加油！

冷知識五四三

M&M 巧克力因為在巧克力外層包裹了糖衣，不易融化，所以在二次大戰時，是被拿來當作美國大兵熱量補給的重要零食。現在看到可愛的巧克力人物，最早是 1954 年創作的，當年只有黑白的造型，1971 年變成彩色，而且一直增加角色到今天，他們在美國小朋友心中當紅的程度，不下於迪士尼那隻米老鼠。

違反共識的品牌行為

如果你認同我的前面第一章第三節所說：品牌塑造就是共識不斷達成的經過。那麼下面提到的這些故事，就是知名品牌違反共識的慘痛例子。

可口可樂改配方，引發眾怒

1970 年代，可口可樂的敵對頭百事可樂，在美國各地大張旗鼓地舉辦許多盲測，做法是把可樂瓶商標遮起來，要消費者蒙眼品嘗後為可樂打分數，結果比較甜的百事可樂獲得大多數消費者的青睞，1980 年代甚至還把這些盲測搬上電視進行……。

美國法律規定，這類型的盲測要有律師跟見證人在場，所以不好作假。最可怕的是，可口可樂自己也舉辦盲測，發現大多數自己請來的受測者也覺得百事可樂比較好喝。再加上 1980 年代，百事可樂找上麥克‧傑克遜進行強勢行銷，可口可樂的銷量跟市占率一起節節下滑。此外，更諷刺的是：可口可樂旗下的一些次品牌像是芬達、雪碧、健怡可樂等在市場上卻屢獲好評，尤其是剛上市就大賣的健怡可樂，喝起來甚至有點像百事可樂。上述種種跡象似乎都在顯示，可口可樂的行銷沒問題，唯一出問題的就是口味，因此，可口可樂的高層下定決心要做出大改革：重新調製配方與口味。

像可口可樂這種規模超大的企業，高層自然不會草率馬虎地下決策，在推

出新口味前，也已做過了二十萬次的口味測試，受測者大多表示，新配方不只比舊配方好喝，也勝過百事可樂，可口可樂高層一聽之下信心滿滿，決定勇敢推出新配方，並且取名為新可樂（NEW COKE）。

1985 年 4 月 23 日，可口可樂宣布新可樂正式開賣，一開始大家都想來嘗嘗鮮，銷量感覺還挺不錯的。隔沒幾天，公司便宣布採用傳統配方的舊款可口可樂即將停產……。消息一出，這下子可不得了，不僅引發美國消費者的眾怒，電話客服接聽罵人電話接到手軟，甚至就連國會議員都忍不住出面開罵。

1985 年 7 月 11 日（不到三個月，連試用期都撐不過，好慘！）公司高層實在頂不住排山倒海而來的指責，宣佈回復生產傳統配方的可口可樂，而為了跟新可樂區別，傳統配方的可樂叫「經典可口可樂（Coca-Cola Classic）」甚至還拍了一系列廣告來迎接傳統口味回歸。

1992 年，New Coke 再次改名為 Coke II，沒撐多久後來乾脆就默默下架了。

我相信大家這幾年會時不時地在超市買到像是櫻桃、檸檬、香草、橘子、抹茶（媽呀！這什麼味道啊！等奇怪口味的可樂。但我們都知道，這是可口可樂的「次口味」，公司高層絕對不會拿這些口味來取代已有一百多年歷史的老味道了。

小別勝新歡，復刻試看看

看了前面的案例，你可能會想，難不成一間企業就得一直堅持老東西，不

能有新創意嗎？把資源放在新品的開發上，難道有錯？

現在看起來，任何經典的長銷產品似乎都會經歷某段衰退期，像是可口可樂、保時捷 911、金龜車等皆是（這兩款車都曾經停產過，然後又重返市場）。這跟情侶或夫妻的關係很像，在一起久了總會膩的。只是暫時下架並不代表永不復返，一如夫妻兩人小別勝新歡，說不定再碰面時感情會更好呢！

如果貴公司，曾經有長期大賣的並且富有品牌精神的產品，中間可能出過狀況，不得不下架。別灰心，撐過一段時日，找個適當時機跟機會，重新推出復刻版上市推推看，測試一下市場水溫，說不定又會讓經典產品起死回生，引發另一波品牌浪潮也說不定呢。

華航「帝雉號」選錯字體，網友頻撻伐

2016 年 10 月，中華航空引進空中巴士 A350 新機，並以台灣稀有鳥類「帝雉」為首架新機命名「帝雉號」，不過當機首圖像照片公布之後，被網友罵翻了，因為在雄偉的飛機的機首「帝雉號」這三個字，居然是用新細明體。

還好後來華航的止血公關活動上場，在 11 月底舉辦「帝雉號」字體票選活動，楷體字型，以最高票勝出。（早點來上敦國 12 原型課程，就會知道要用楷體了嘛）。

以 12 原型來看，中華航空是老牌官股航空公司，統治者原型濃厚。世界各國的老牌航空公司或國籍航空公司，通常使用統治者原型，讓人覺得穩重、安定。華航使用台灣鳥中之王帝雉來當飛機的名稱，到此為止都十分「一致」，

十分符合統治者原型的訴求，但就是在字體上選用了最通俗的新細明體，導致功虧一簣啊！

這件「小事」引發的公關事件，讓我想起以前教授我品牌共識課程的老師，曾經做過的一個比喻，他說，品牌操作就像打籃球一樣，進一球才得兩分，要很穩定地把握每個進攻兩分的機會，以及防守好每個籃板球，才能兩分兩分地慢慢拉開與對手的差距。一間公司與消費者的接觸點不只是廣告，還有產品包裝、客服、員工談吐、服裝等，每個接觸點的每個細節（每個兩分）保持一致，才可能讓消費者印象深刻。

但是另一方面，公司的高層不可能親自去管理到每個細節，這也不切實際。這時如果公司能貫徹簡單的「原型」理念，例如華航同仁都知道自己公司屬於統治者原型—形象要穩重，大家只要都有這樣一個基本的共識，那麼在選擇字型前，肯定就不會出現選錯字體這一類的情況發生了。

這個故事也呼應了我們在前面的章節曾提過的—品牌塑造是共識不斷達成的經過。大家心中的中華航空、帝雉（台灣百鳥之王），就是王者（統治者），就該用王者（統治者）的字型。若選用了別的字型，這不光是華航的事，一般民眾也會看不過去，非得罵上幾句才肯罷休。

HTC 花錢請大明星的反效果

2013 年，HTC 請了小勞勃道尼來代言，聽說這花了千萬美金，哇，高達 3 億多新台幣的價碼耶。HTC 也為這一系列廣告，推出新口號 Slogan：

Here's To Change「去發現，去改變」。Here's To Change 的三個首字母，合起來剛好就是 HTC（目前看起來都挺不錯的）。

這一系列我看不大懂的廣告，叫《向藝術經典致敬系列》總共有十支，我很用力地看才搞明白，每個廣告都有提到某位藝術大師的作品，影片中道尼哥用些詼諧輕鬆的方式，向藝術家致敬，順便告訴大家 HTC 的理念，片尾搭配上 HTC 某款型號手機。其實說到這，我就足以斷定這一系列行銷會失敗，因為原型根本不對。

小勞勃道尼，眾所周知的「鋼鐵人」，「鋼鐵人」這角色很英雄，還加一點點顛覆者原型。跟小勞勃道尼的真實人生還有點雷同，回顧小勞勃道尼這一生（我知道他還沒死），年輕時也顛覆過（荒唐過），後來浪子回頭，現在很英雄，不管戲裡戲外。

這本書看到這，你再去看看這些 HTC 影片，你大概可以猜出來 HTC 很想要呈現「創作者」原型的意念，像是他的 Slogan「去發現，去改變」或是向藝術家致敬的系列影片，我們都可以讀得出 HTC 想這麼做。但是創作者原型影片找了個很衝突的小勞勃道尼來演繹，而且這些影片還故意有點丑角搞笑。這難怪大多數的觀眾看完後會有「看不懂」的感覺。

HTC 想要表達「創作者」原型，但是觀眾看到的是一個知名英雄在演丑角。如果今天拍廣告的是個素人，或許大家還沒那麼困惑，偏偏小勞勃道尼是個形象鮮明的巨星，所以觀眾心中的矛盾才會變得這般強烈，而這些衝突放在這個社群媒體時代，自然就會變成負評，想壓都壓不住……。

金鋼狼來賣曼陀珠

2017 年初，金鋼狼「羅根」在台灣上映，搭配金鋼狼在台上映，曼陀珠搭配行銷狂推了一系列廣告，還推出金鋼狼曼陀珠鐵罐限定版。（一個可以當撲滿的鐵罐，裡頭放了三條曼陀珠。）這本書的讀者，看到這你應該就會開始覺得納悶，金鋼狼是英雄原型，而且還是有點悲情的英雄，這跟歡樂的曼陀珠，有什麼鬼關係咧！？

我也是這樣認為啊！所以這些曼陀珠賣得很差。當然這檔宣傳，也沒引起什麼漣漪效應或是大家爭相轉貼的風潮，其實我不說，大多數台灣人根本都不知道這回事。（金鋼狼的主角休・傑克曼還來台灣宣傳過呢！）

原型對了，素人也能產生巨星效果

當年古道烏龍茶花了上千萬，找來了周星馳拍廣告，這一系列搞笑廣告讓古道在市場上站穩半塊市場。為什麼說半塊市場？因為他的對手開喜烏龍茶，找了一位大嬸，只花了幾萬塊錢通告費，也拍了一系列搞笑廣告，成功分走了另一半的市場。這位本來默默無聞的大嬸，後來大家直接就叫她開喜婆婆。

同樣的事情也發生在全聯福利中心，2006 年，全聯找了位沒啥名氣的邱彥翔先生來演廣告，這位素人邱先生長得很「中規中矩」，就是一般人心中憨厚老實人的形象，跟一般路人沒啥兩樣，但是這位路人成功演繹了全聯各種「凡夫俗子」的品牌行為，親民的形象與言談深得人心，大家都只管叫他「全聯先生」，根本不記得他的本名，而他也幫全聯代言，直到今天……。

不管是開喜或是全聯，原型訴求明確，也找了形象鮮明的素人來拍廣告，不但省下很多預算，甚至還捧紅了這些素人，這些素人也順勢成為這些企業的「特有資產」。

原型明確了，你才知道該請哪位明星。

原型明確了，其實根本用不到大明星。

失誤背後的偉大脈絡：數據

我們這些酸民「站著說話不腰疼」，在這邊高談闊論這些品牌的瘡疤，其實這些品牌在當年冒出「失誤」之前，也都是經過公司內部菁英們反覆討論、研究後才決定這麼做的。而我研究這些案例後發現，這些失誤背後的共通脈絡就是「數據」。

可口可樂改配方之前，可是經過複雜的數據與研究的，還有許多我沒寫進本書的案例：改名、改 LOGO、改口味、找了奇怪代言人等等，這些常常是根據詳細的數據調查與專業的分析，數據是客觀的，但是解讀卻是很主觀的。因為有了「數據」的包裝，太專注於數據，往往就會陷入一種迷思，讓團隊誤以為自己真的很科學、很客觀。

我在這邊自己推論出一種可能狀況，容我藉此猜想上述狀況可能發生的原因。如果我是曼陀珠經銷商（廣告商），我經過市場調查，發現喜歡看金鋼狼電影的大多數是年輕女性；又經過市場調查，喜歡吃曼陀珠的也是年輕女性。又剛好有一份調查顯示 80% 的女性，出戲院後喜歡買口香糖來吃。這些數據會讓人忍不住串起來，找金鋼狼來代言曼陀珠很搭啊！但是把焦點脫離數據，

我們戴上 12 原型的眼鏡，站遠一點來看，會發現這兩個原型根本不合啊！

這也是 12 原型很好的應用，12 原型是很好的檢視框架，檢視我們的品牌行為或是異業合作是否太跳脫框架，會讓觀眾或消費者看了滿頭問號。

跟創意一點關係都沒有

雖然我是念創意學研究所畢業的，但是我從頭到尾都沒有用「創意」的角度去批判任何廣告，我所用的角度都是原型是否一致，箇中有沒有衝突。

這類怪怪產品與不成型的爆笑行銷案例，尤其是華人圈的案例，在我的硬碟裡有一大堆，無奈我是個要在企業間走跳的講師，只好找一些過去在媒體上已被反覆報導過多次的案例，再加以說明。有些事在書上不好說，有機會來上上我的課程吧！關起門來，我們私下好好聊聊。

複合原型與品牌轉型

在我的課程中，大概上課沒多久，肯定就有同學會舉手發問：「一個品牌，只能選一個原型嗎？」

要回答這個問題其實很簡單，我在前面章節曾說過，12 原型最棒的應用就是「協助團體達成共識」。而要達成共識，所作的選擇必須是明確的，不能過度發散。因此，團隊品牌共識，集中到一個原型上，將會強而有力。 整個團隊未來工作的方向會很明確一致，消費者接受到的訊息也會一致。但是事情哪有這麼容易咧！？尤其大企業，人多口雜，每個人對品牌都有自己的想法與觀點，即便是讓大家十二選一，也常困難重重，這時複合原型的觀念就可以派上用場了。

複合原型

複合原型的觀念與做法很簡單，共有三步驟：

(1) 從 12 個原型中挑兩個原型。

(2) 一個當主原型，一個當副原型。

(3) 打完收工。

十二個選兩個，一個當主，一個當副，這樣的方式對於有選擇困難症的團

體，一切就變得容易許多了。主原型跟副原型，也可以解釋成，你在閱讀本書中的經典品牌時，有時你可能不是那麼認同我的分類，這時一旦加上副原型，我敢說我們幾乎便可達到全面共識了。(頂多你的主、副跟我順序不大一樣)

在我的課程中，下面是我跟我的學員們討論出的一些知名品牌或是名人的主原型與副原型：

（1）樂高：天真者 + 創作者
（2）誠品：智者 + 創作者
（3）F1 賽車：英雄 + 智者
（4）飛利浦：智者 + 創作者
（5）IKEA：創作者 + 凡夫俗子
（6）NIKE：英雄 + 顛覆者
（7）007：英雄 + 情人
（8）早年的香奈兒：情人 + 顛覆者
（9）戲劇裡的成龍：英雄 + 丑角

■ 成龍：
主原型：英雄 副原型：丑角。

這裡再次強調 12 原型理論的價值在於：快速協助團隊達成共識。知名品牌，大家的印象不會差太多，以 NIKE 為例，大多數我課堂上的同學會覺得是「英雄 / 顛覆者」，「英雄加點顛覆者」，其實光是這樣，大家就有了共識了。不大需要再去苛求誰是主誰是副，甚至各佔多少百分比。

本來印象就是種朦朧的概念與感覺，硬要很細的去區分，只會讓團隊的成員更困惑，得花上更多的心力去抓取不必要的細節，或是用上一堆複雜的形容

詞，乍看很細膩，其實很迷離。又或是大家針對這些辭彙進行曠日費時的辯論，這就遠遠背離 12 原型理論的初衷了。

讓你與眾不同，兼顧外部合理性

世界各國的動作武打明星，大都是英雄原型，不過成龍大哥當年剛出道時，便成功抓住了獨特的東方喜感，在他的武打動作裡加入了許多極富喜劇效果的動作。讓我們在看電影時，一邊替戲中的主角擔心而緊張冒汗，卻又時不時地開懷歡笑。成龍的副原型：丑角，也讓他這位武打明星跟其他武打明星之間做出了區隔，他的電影與個人形象在世界各地也就鮮明了起來。

如果團體還是很難 12 個中選出兩個，那麼我這邊還有另一種複合原型供你參考，也是三步驟：

(1) 從 12 個原型中挑三個原型。

(2) 一個當主原型，另兩個當副原型。

(3) 打完收工。

■ 康師傅方便麵：
　主原型：照顧者 副原型：丑角、凡夫俗子。

　　團體要達成共識，利用這十二選三的作法，應該沒有甚麼大問題才對。我去過不少企業上課，每次當我上課前，員工們對自家品牌的形象定位通常就是各說各話，各有各的辭彙與形容，當真是一個品牌，各自表述。當我要求大家來個十二選三，往往很快會有共識，箇中唯一的差異只在於誰是主原型，誰是副原型罷了。

　　這也是我的成就感來源，一間企業這麼多年都沒有品牌共識，我們一個上午的講課，有一點模糊的原型概念，大家就可以達成共識，12 原型真是一個神奇的共同語言。

　　如果工作團隊針對某個品牌，選出三個有共識的原型都有困難，那麼這個品牌就「不成『型』」了，這代表這團體還需要更多的對話與討論，好讓大家有共識。

　　品牌共識誠如其他的企業共識，或是團體共識甚至是社會共識，不是一朝一夕就能達成一致，需要很多的溝通與磨合。可能也是這條路很艱難，不少企業乾脆放棄開辦品牌共識會議，進行內部共識溝通，直接去找廣告公司硬幹，屆時再拿這些外部廣告公司的「創意」，回過頭來說服自家人。又或者是根本沒有共識的觀念，形象老是跳來跳去，員工搞不清楚，也讓觀眾摸不著頭緒。因此，我們絕大多數在街上看到的品牌、包裝、廣告大多奇形怪狀、毫無章法、始終無法讓人有深刻的印象。

　　一個「有形」的品牌，是透過品牌行為，隨著歲月不斷累積共識，一點一滴在消費者心中刻畫出深刻的印象。

媒體對消防隊員與警察的差別待遇

消防隊員：主原型：英雄／副原型：照顧者

警察：主原型：英雄／副原型：統治者

在台灣消防隊員與警察都是警察專科學校或警察大學畢業的，主原型應該都是英雄原型（我想大家應該會認同），不過在媒體上，兩者受到的待遇可就差得多了。這箇中差異若從副原型來解釋，一切就都很好懂了。

消防隊員在報章雜誌上總是以英雄形象出現，拿著斧頭或消防水帶衝進火場，肩膀上扛著傷患，滿臉灰燼地從火場衝出……。這是記者最愛寫也最愛拍的畫面，如果記者能清楚拍到這樣的經典畫面，那絕對是「普立茲獎」的熱門照片，畢竟這正是一般讀者期待的情節。

還有另一個很經典的畫面，多半出現在電影裡頭，那就是消防隊員救小貓。

我在 2001 ～ 2003 年在消防隊當了兩年緊急救護員，我也親身救過不少小貓，貓咪真的是很皮又很痞的小動物，很喜歡亂跑亂鑽，一旦卡在招牌、裝潢的夾層裡就會開始喵喵叫，這時只要好心的市民報案，我們就得出動處理。好幾次，我在救貓的時候，周邊圍了一堆民眾，當我把小貓抓出來並高高舉起時，總能贏得不少掌聲。消防隊員拯救小貓咪這樣的場景，就是英雄＋照顧者的經典呈現。而這樣的經典畫面，也是會出現在學齡前兒童閱讀的繪本裡。

同樣也是為人民服務的警察，則似乎沒有帶給民眾太多的好感。在華人地

區最常聽見的一句話叫做「警察打人啊！」這句話不約而同地出現在中國大陸、港澳及台灣等華人地區。甚至還有父母親在嚇小孩時也會說：「你再不乖，我就叫警察來抓你！」利用 12 原型來分析就可以清楚發現，警察的確身兼英雄與統治者的形象。

身為市井小民，我們期待警察能像英雄一樣，在歹徒、劫匪危害我們生命安全時救我們一把。但另一方面，在市井小民心中，警察也是國家統治者的「鷹爪」，抓違規停車、抓超速、抓攤販、開鎮暴車拿著盾牌與警棍鎮壓弱勢抗議民眾……，這些令人厭惡的畫面，始終潛伏在一般民眾的潛意識裡。

當然，聰明的記者也知道，這些畫面最能挑起讀者的情緒，所以要是碰到正面的警察英雄事蹟，他們會寫，也有人愛看。另一方面，要是記者耳聞警察利用統治者身份「迫害」市井小民，他們也會狠狠下筆，把警察寫得又兇又惡（像是美國白人警察過度執法），而這也符合廣大讀者的期待！

消防隊員也是公務員，也會犯錯，偶爾也會有貪贓枉法之事發生，但我敢說，你應該很少注意到這一類的消息或新聞。因為這樣的故事不大符合讀者期待，記者雖會報導，但往往不會大力追捧，讀者也會看，但可能不會想幫忙轉貼、散播。但這種貪污收賄要是發生在警察身上，記者能寫多大就寫多大，這可是會勾起讀者們對這些「鷹爪」的仇恨，看到消息時多半都會狠狠加上幾句評論，之後再幫忙轉貼。（嗯～這實在解恨啊！誰叫你上週開我罰單。）

消防隊員跟警察相比，在老百姓心中就是的英雄＋照顧者原型，沒有統治者的形象。這樣或許可以解釋這兩種公職，在一般民眾心中觀感差異了。

利用複合原型，進行品牌轉型

利用複合原型，可以為產品做長遠的策略規劃，進而達到「無縫轉型」的目的。

我有個朋友恩雅（假名）創業，成立了一間小皮件工作室，她一個人創業，很有雄心壯志，她覺得自己做出來的皮件，論做工、論質感都不輸給愛馬仕（事實也是如此）。但是，一創業就把自己的皮件定位成像愛瑪仕這麼高檔的統治者原型，為商品貼上好幾萬元的價格標籤，那反而是為自己的品牌與產品設了一個很高的門檻，拉開了商品與消費者的距離，曲高和寡極有可能把一些收入因此擋在門外，而撐不過創業期。

再說，統治者原型，通常得要大型企業或老企業才說得過去（外人覺得合理），我朋友剛創業，成立小工作室，不過就是一間開在文創園區裡的小攤位，硬要把一個新創品牌搞成統治者風格，著實有點打腫臉充胖子的感覺。但另一方面，如果一開始為了收入而薄利多銷，把自己的品牌弄得很俗氣，那麼要是生意做起來了，品牌名聲也跟著水漲船高，但這個品牌形象卻又不大像是自己想要的，這又該怎麼辦呢？這著實兩難啊！

而就在我跟她談完之後，我們做出這樣的規劃，我引導她的過程也是前面提過的「內部覺得舒服」、「外人覺得合理」、「總體表現一致」。

跟恩雅認識多年，我很認同她的自我分析，她自認自己是個創作者＋統治者，所以創作者跟統治者原型都是她覺得舒服的原型，用這個原型代表自己，她覺得很舒服自在。

一開始創業時使用創作者原型來規劃皮件工作坊，她也覺得很適合。而我覺得這樣的品牌放在文創園區，也十分合理。那麼，接下來品牌長遠規劃的藍圖，我們就可以畫出以下的示意圖：

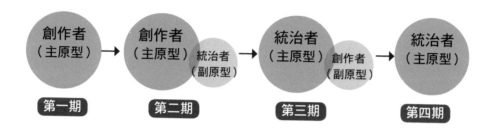

從這四個進程，各位應該可以看得出來，恩雅從創作者逐步演進到統治者的過程，中間是慢慢加入副原型（統治者）後再放大統治者，減少創作者，最後只剩統治者。這個逐步轉型過程，我相信恩雅自己會覺得舒服，外人也會覺得合理，不會因此覺得突兀。

看到這邊，你是不是野覺得利用 12 原型的主原型／副原型觀念來規劃長遠的品牌藍圖，十分簡單易懂呢？！我相信用這樣的簡圖，在企業內部也比較容易解說與達成共識。

場景心流與衝動消費

有些時候你不計較 1 千元損失，卻會斤斤計較那 5 元、1 元，為什麼？

你可能自己經歷過或聽過，某公司的大老闆上酒家給小費，都是上千上萬地給，絲毫不手軟，但是對供應商甚至上門來收管理費的廠商，往往是能拖就拖，能欠就欠，十塊錢也要殺價，幾百塊的影印費也要拖上三個月再匯款。看到這邊你可能會憤憤不平的地說：「這就是他媽有錢人的嘴臉跟德行……」

但真是這樣嗎？

搭飛機去美國渡假，你先到巷口的 7-11 買條口香糖，準備在飛機上吃。一條九塊錢的口香糖，你隨手給了一張百元鈔，店員找你 90 元，你很順口地提醒：「少找一塊錢喔！」店員害羞地隨即補上，你手忙腳亂地把發票與 91 元塞進大背包皮夾裡的小零錢袋。若仔細翻翻皮夾裡，除了幾張新台幣紙鈔以外，大多數是換好的美金，各種面額都有。

在 7-11 外頭，你等著剛剛打電話叫派的計程車，你喜歡打電話叫這間機場接送無線電計程車公司的車，因為只要是接送出國的旅客，他們都會指派大一號的頂級轎旅車來載客，也不加價，這讓你覺得很舒適。你這次很幸運，公司派了一輛賓士車給你，你坐在後座，突然感覺自己還真是個大爺了，忍不住笑了起來，心裡期待著接下來的美國之旅。到機場的時候，計程表上顯示 950 元，你掏出一張一千元，你很順口地說：「不用找了！」

為什麼你不會計較計程車上的 50 元找零，卻會去計較 7-11 裡的一塊錢？

你可能也會覺得奇怪，平常在市區搭計程車，你都會要求找零錢，為什麼搭去機場，自己會很順口地說：「不用找」呢？

我相信以上的場景你可能都碰過，在某些場景下，你的價格敏感度很高，一、兩塊錢錙銖必較（例如在傳統市場裡、在淘寶網站上），有時為了那一、兩塊錢，你還會跟商家爭得面紅耳赤，或是要打去客服中心理論，爭個是非曲直。但認真想想，你真的缺這點錢嗎？當然不！你要爭的無非是一口氣，為了心裡的一種感覺。

但是在某些場景下，你的價格敏感度很低（例如賭場、高級餐廳、醫院、國外旅行、投資股票），大手一揮，百元、千元鈔就這樣撒出去，而且重點是，你還完全不覺得心疼。很明顯地，在不同的情境下，我們往往擁有不同的敏感度。而這些情境與感覺是常年累積下來的習慣，已是一種儀式，形成了 SOP，若不這麼做，你會很不「自在」。

因為在這個場景裡，我們進入了某種心流。

去便利商店買東西，是我們從小就建立的習慣─從商品架上拿東西，走到櫃台、交錢，然後收銀員找零錢與發票給你，你應該不會在便利商店給店員小費。而買東西、交錢、找錢、拿發票，這樣的情境你已經演練過上千次了，已經成為某種習慣了。今天就算你真的很滿意這位店員的服務，你頂多就是誇他個一、兩句，你也不會給他小費，因為這不符合那種「情境」，也不是你的習慣，你若硬要這麼做，雙方都會覺得很奇怪，很不自在。在 7-11 你就是個凡

夫俗子，你就是個凡夫俗子的心流，凡夫俗子本就該計較這一塊錢、兩塊錢，這種做法讓你很自在。

你長大了，開始賺錢也存了錢，手頭寬鬆了一些。幾年後終於當上了主管，每年有比較長的休假。你開始規劃自己每年一次的出國旅遊，你告訴自己，既然難得一年一次出國旅遊，當然要好好犒賞自己，凡事別那麼斤斤計較。換言之，在你當時的心裡，坐在開往機場的計程車上，看到架設在高速公路上，前往機場的指標，30 公里、20 公里、5 公里，進入到機場的高速公路，尤其是你坐上了賓士計程車，寬大舒適的後座，讓你突然覺得自己這幾年的辛勞工作值得了，自己也該偶爾當一回大爺，好好享受這個工作成果，你進入了「統治者」心流。

抵達機場航廈，你拿出 1 千元，司機找你 50 元零錢，你還得傷腦筋把這個銅板塞回大背包裡的皮夾裡的小零錢夾層裡，於是你說：「不用找了！」

身為一位統治者這麼說，你很自在。

情境與場景再再決定了我們當下的心流，甚至是我們的消費模式。我不是人類學家，不會很細膩地引用學理闡述消費者行為，我是個產品與服務設計引導師，我關心的場景很務實又有點市儈：「到底哪些場景，會讓消費者心甘情願地掏出錢來。」或是「到底哪些場景，會讓消費者願意多掏出點錢來。」

什麼是場景？什麼是心流？

什麼是心流（Mind Flow）？打電動是最好的說明。當你電腦打開，點開

遊戲，開始玩「仙劍奇俠傳」或是「LOL」的時候，一開始旁邊的音響還播放著音樂，你跟著哼歌，嘴裡嚼著口香糖。但是，隨著電玩的緊張度越來越高，你越來越投入遊戲當中，你忘了哼歌，口香糖不知哪時已經吐掉了，你眼睛盯著螢幕，右手不斷地點擊滑鼠，搭配左手在鍵盤上下左右外加熱鍵。

你根本忘了時間、忘了肚子餓、忘了寫功課，即使媽媽在房外叫你吃飯，你也似乎沒聽到……，一直到媽媽闖進房間，大聲叱責你：「再不出來吃飯，我就把網路給斷了……」

這時，你方才大受驚嚇地回過神來：「哇靠！晚上七點半了，我已經連打5 個小時了，啊……腳好麻，脖子好痠……」

過去這 5 個小時裡，你進入了「心流」，呈現一種忘我的狀態，只專注在你的電玩世界裡，注意著你的分數、你的經驗值、你的級數、你的血量。直到你媽到你旁邊嘶吼，你方才回到「現實」。

像是這種忘我的境界，在很多時候，我們都可能經歷過，認真寫考卷、觀賞一部好電影、閱讀一本精彩的小說、跟喜歡的人聊天說話、做愛……等等。你我的生活不斷地在更換場景，但是卻不見得我們時時都能進入心流。

上課鐘響了，坐第一排的「好學生」，跟著老師算著黑板上的微積分方程式，那位好學生很專注學習，進入心流。「爛學生」實在對微積分一點興趣都沒有，如坐針氈，看著牆上時鐘的秒針，動一下、動一下……，這時，「好學生」進入心流了，「爛學生」卻沒有。

場景可以引發心流，沿用剛剛的例子：

下課時，同學們在走廊嘻嘻哈哈地聊著最近的宿舍八卦，上課鐘聲一響，同學們進入教室，「好學生」深呼吸，打開書本筆記，進入學習心流。「爛學生」一樣深呼吸，但卻拉起外套拉鍊，準備進入周公心流。

不同場景，引發不同的原型心流

「心流」這個詞，只要你慢慢理解，再把原型加進去，自然會有更鮮明的體驗。

去過迪士尼的人一定會認同我，每個遊客在園區裡都會進入「天真者」原型心流，即便是平常既嚴肅又八股的高階主管，都可以在這裡自在地穿著米奇的 T-shirt，戴上高菲狗的帽子，傻傻地對遊行隊伍裡的卡通人物揮手。此時，你不再是你，因為你被天真者上身了。

在玩過「海底總動員」的遊樂設施後，你發現在出口處有一間紀念品店，看到可愛的小丑魚「尼莫」抱枕，你忍不住就刷卡買了。

你現在知道為什麼每個迪士尼遊樂園的各項遊樂設施出口處都會設有紀念品專賣店了吧！店家就是要趁你最沉浸在心流的時候，讓你乖乖把錢交出來，而且還是心甘情願的。

等到晚上腿痠了，人也乏了，走出迪士尼樂園大門，看著自己手上拎著的「尼莫」抱枕，你可能會開始後悔，「媽的，我買這幹嘛！？」嗯～～這代表

你清醒了，天真者「退駕」，恭喜你終於回到正常世界。

在逛誠品書店時，看到牆上的海報，擺在架上滿滿的書籍，遠遠地飄來一陣咖啡香，耳邊響起的是悠揚的輕音樂，書架前站著許多文青們正在細細翻閱書本，推著眼鏡，仔細咀嚼書中的意涵......。這時，厚厚的那本《中國近代百年人物傳記》突然吸引住你的目光，剛好旁邊的小咖啡廳裡還有個小小的導讀沙龍小講座，有位教授正在台上講著這本書裡的幾個經典人物的精彩故事，你越聽越著迷......，此時，智者原型上身了，你忍不住拿起那本厚厚的《中國近代百年人物傳記》，走到櫃台前，500 元就這樣給它刷卡買了。你很滿足地帶著這本書回家，心裡想著自己要在未來兩個星期，好好地細讀這本書。

只是，回到家裡之後，站在書架前，你看到書架上還有七、八本大概只看了四分之一的書正待在書架上跟你微笑，訕笑你這次的衝動。此時，你開始有點懊悔，你把這本新書放到書架上，再一次安慰自己「好書不嫌多，總有一天我會把它們通通看完......」

回顧本章一開始，我丟出來的問題，為什麼有些時候你不計較 50 元的損失，卻反而會斤斤計較那 5 元、1 元？如果你現在人處在傳統的菜市場，那種「凡夫俗子」的氛圍包圍著你，大家都是五塊錢、一塊錢的殺價，這時，凡夫俗子原型上你身，你自然而然會加入這個斤斤計較的行列裡。

再者，要是你是某家公司的老闆，有一天被邀請去酒店消費，在裡頭，大家稱呼你「王董」、「領導」、「大老闆」，裡頭的氛圍也會讓你覺得自己就是一個闊氣的統治者；而當你統治者原型上身時，小費幾百元甚至幾千元地給，

你當下肯定覺得很自在（之後會不會後悔，那是後話了）。

你仔細想想，你是否也曾在旅遊、高級餐廳裡出手闊綽，但卻在菜市場的菜攤前漲紅著臉，扯著嗓門跟小販多要一根蔥？只需想通了「原型上身」的道理，你也就不會感到意外了，畢竟這是人之常情，跟場景情境有關，卻跟貧富無關。

你希望勾引出消費者心中的？？原型

從上面的案例裡，我們了解迪士尼樂園成功勾引出大家心裡的天真者原型，於是，大家購買天真者原型商品時毫不手軟。誠品書店勾引出消費者心中的智者原型，消費者購買智者原型商品，像是書籍、文創產品，心中沒有太大的阻礙，往往先刷卡了再說。

像這類原型上身或是原型被勾引出來的情境，請見下表：

品牌／產品	勾引出原型	引發的衝動、行為、幻想
IKEA	創作者	自己動手組裝傢俱的衝動
NIKE	英雄	這雙鞋買下去，我告訴自己，我明天就會開始慢跑。
慈濟	照顧者	捐出兩千元，希望能幫助到這些好可憐的孩子。
海尼根	丑角	說話開始瘋瘋顛顛，葷素不拘的開玩笑！
賓士汽車	統治者	坐在裡頭講話變得官腔，對司機開始指頤氣使。
戴比爾斯鑽石	情人	買這鑽戒給她，她一定會答應我的表白的。
羅輯思維說書	智者	節目裡的那本美國史電子書，我立馬就想看。

看到這裡你會發現，原型鮮明的品牌＋產品＋服務，就可以勾引出消費者心中的原型，就像是被 XX 原型的靈魂附身了一樣，身為賣方的我們不光是滿足那位消費者，更是滿足消費者心中的那個被勾出的原型，直到那個原型離開為止。

你希望使用者心中什麼原型上身，你的產品／服務／行銷就通通往那個原型靠攏。

重複使用這些原型一致的產品／服務／行銷，你的品牌就會是經典了。

冷知識五四三

心理學大師米哈理・希斯贊特米哈伊（Mihaly Csikszentmihalyi）在他的巨著《創造力：心流與創新心理學》裡提到心流（flow）：「富有創造力的這些人具備這種特色，那就是他們都非常喜歡自己做的事情。他們透過從事費力、帶有風險且困難的活動來擴展自己的能力，從中體會到『心流』。」

進入心流時，最明顯的現象就是──你會忘了時間的存在。

PART 4

12 原型與經典品牌IV

- 京都念慈菴與照顧者原型
- IKEA 與創作者原型
- 愛馬仕與統治者原型
- 什麼是好的原型？別誤用 12 原型
- 時勢造品牌，強求不得

天真者

探險家

智者

英雄

顛覆者

魔法師

凡夫俗子

情人

丑角

創作者

照顧者

統治者

京都念慈菴與照顧者原型

每個人自出生起都渴望媽媽的照顧。長大成人後，我們也都會有照顧人的衝動與慾望。照顧者原型品牌，同時滿足人們照顧或被照顧這兩大方面的需求，一直是強勢又鮮明的形象。

品牌個性	·**正向**：耐心、溫暖、安撫、撫慰、溫暖、慷慨、寬大、寬容溫柔、奉獻。 ·**負向**：操縱、束縛、囉嗦、擔憂、限制、控制。
關鍵字	母性、母親、母儀天下、溫柔、犧牲、家、家庭、幸福、呵護、孝順、愛護、關懷。
格言	·有媽的孩子像個寶。 ·有家就有聯合利華。
經典品牌	康寶、慈濟功德會、嬰兒與母親、腦白金、京都念慈菴、桂格、阿姨幫。
真實經典人物	德雷莎修女、黛安娜王妃、南丁格爾、證嚴法師。
經典戲劇角色	孟母、觀音菩薩、王母娘娘、聖母瑪利亞、媽祖、阿信、蓋亞（大地女神）、大長今。
次原型	母親、皇后、褓母、女神、菩薩、第一夫人、看護、家庭主婦、孝子、孝媳。
適合產品、產業服務	·家電、清潔用品、養生補品、補藥、醫療保健照護、醫院、護理工作、慈善機構、社福機構、保險、客服人員、母嬰產品。 ·服務業，例如：清潔阿姨、坐月子中心。

孝順也是一種照顧

香港和台灣人耳熟能詳的「京都念慈菴川貝枇杷膏」，最經典的口號是要認名「孝親圖」。我猜你跟我一樣，可能從來沒有認真去查一下「京都念慈菴」這個品牌創業的故事，京都念慈菴藥廠股份有限公司，也沒有特別大力行銷或宣傳他們的創始故事。但是「孝親圖」這三個字肯定在你的心中會建立這樣的畫面：「應該是創始人為了孝順有咳嗽問題的母親，弄來了厲害的配方，不但治好母親的咳嗽，後來又將這個配方發揚光大，於是有了現在的京都念慈菴」

首先：如果你有這樣的直覺，那麼一點也沒錯，京都念慈庵發生在清康熙年間的創始故事，差不多就是這樣的情節。

再者：如果你有這樣的直覺，你不覺得很奇妙嗎？你明明沒有聽過這些故事，卻可以憑空想像出來。而且你問問身邊的人，他也有跟你類似的想像......，這會不會也太神奇了吧！？（詳見本章冷知識—集體潛意識）

在華人世界裡，我們從小受到母親的照顧，長大後要反哺、孝順，這是長期儒家文化薰陶的重要觀念。有不少產品會順著這樣的觀念來建立品牌形象，像是中國大陸保健食品龍頭「腦白金」便是一例。「腦白金」的主要成份是協助睡眠的保健食品，這麼多年來，透過廣告標語「孝敬爸媽腦白金」、「每天腦白金，越活越年輕」的強力洗腦，搞得大家好像不買個腦白金回去孝敬爸媽，似乎就很不孝順一樣。

類似的孝親觀念應用在保健品的品牌形象上也很常見，例如銀髮善存、雞

京都念慈庵與照顧者原型

精等保健產品、保險產品、健檢服務，我們應該都有印象。

有家就有聯合利華

很難想像一個中產家庭裡會沒有聯合利華的產品。下面列舉一些大家比較耳熟能詳的品牌，熊寶貝、夏士蓮、麗仕、旁氏、多芬、凡士林、蕊娜、中華牙膏、立頓、康寶等。這些品牌都來自聯合利華，其中康寶食品（大陸翻譯家樂）旗下的雞粉、調味料、罐頭，在港台兩地的家庭中幾乎都看得到。（中國大陸佔用率還有待加強）。康寶多年來的廣告宣傳基模，就是找具備好媽媽形象的明星來代言。

媽媽形象代言人

我們都喜歡被媽媽照顧的感覺，在我們幼小的記憶中，我們接受被媽媽抱著喝奶、拍背的感覺，就算是長大成人了，在潛意識裡，我們都還是渴望母親的照顧，即便我們有了自己的家庭，但我們還是會不斷搜尋母親的代理人及替代品。

在台灣，這樣媽媽形象的代言人，從早期的傅培梅到後來的寶媽、陳美鳳、林美秀等，這些具備媽媽形象的人，通常要能煮一手好菜，講話親切，要有許多生活智慧，當然最重要的是充滿愛的溫暖。東西方社會對於家庭主婦的形象或許有些不同，但下面這位美國最有錢的家庭主婦，還真的是靠「做家事」致富的……

美國最吸睛的家庭主婦──瑪莎 · 史都華

1941 年，瑪莎·史都華出生在美國一個貧苦波蘭移民家庭中，10 歲就開始當保母補貼家用。念大學時開始兼職當模特兒，還沒畢業就結婚了。老公是耶魯的高材生，原以為可以從此過上少奶奶的好日子，但沒想到老公的事業實在不怎樣，加上懷孕了，所以只好自立自強當起家庭主婦。

1971 年是瑪莎生涯的轉捩點，丈夫換了工作，舉家搬到康乃迪克州的小鎮西港。在一次新書發表的晚宴上，由瑪莎負責的外燴餐點讓皇冠出版集團總裁感到驚奇，於是邀請素人瑪莎史都華出版食譜書《情趣生活》。素人出書，加上又是冷門的題材，原本不受市場看好，但是瑪莎寫的不只是食譜，她寫的是中上流社會幻想，似乎是在告訴讀者們「只要跟我這麼做，妳也可以過得這麼優雅」。故而從 1980 年代起，她年年出書，本本狂賣。

1980 年代，沃爾瑪的競爭對手，也是連鎖大賣場的 Kmart，聘請她代言居家百貨用品，瑪莎藉由整修一棟她剛買下的老房子，以發行錄影帶來介紹《瑪莎品味生活》，裡頭出現的居家用品全都有廠商贊助，瑪莎的形象快速推向全北美。

1986 年，瑪莎的第一個電視節目《跟瑪莎一起歡度假日》（Holiday Entertaining with Martha Stewart）開播。這裡的瑪莎·史都華可不是咱家裡頭那個一邊拖地一邊罵人的老媽子。（媽！我真的不是在說您）。而是有錢人家的婦女，透過家政展現自我，打造夢幻的家園環境。（老娘當然有錢可以請傭人，但老娘偏要自己動手！自己來！）

1990 年，這位美國知名度最高的婦女成立了自己的公司，發行《瑪莎生活》《Martha Stewart Living》雜誌，發刊號 50 萬本，雜誌一上市便秒殺清空。之後，這本雜誌一直盤踞美國雜誌銷量排行榜前幾名。其實，這個現象還代表了一種生活品味，在美國，如果你要稱讚一個人很有生活品質，懂得居家生活，那麼你可以這麼說：「你生活得很瑪莎……」

2001 年，60 歲的瑪莎離婚，3 年後又因為捲進股票內線交易被判刑 5 個月。在蹲苦窯的日子裡，瑪莎可沒閒著，在牢裡開班授課、教人練瑜珈、協助監獄開發菜色，甚至順便寫了一本書。2005 年，她重返公司，繼續拍電視、出書，經營她的事業。這幾年的經歷，讓她從甜美家庭主婦的「照顧者」原型，轉型成為一個女強人，現在七十幾歲了，還是不停地在工作。

雖然瑪莎在美國人盡皆知，但這位大媽的黃金歲月畢竟已經過去，我特別把這位大媽介紹出來，是因為瑪莎爆紅的時間點（1980 年代），當時美國的環境跟現在大中華地區的環境有點相像，美國人的物質生活已經進步到一個飽和點，中產階級開始想要享受家居生活，而且願意自己動手做。

如果你參與的產業跟瑪莎有點相關，你也想把握這股潮流，建議不妨上網查一下瑪莎，肯定會有大量的資料供你參考。

慈濟功德會與大愛電視台

在我開辦的課程裡，有點出乎我意料的是，每次都會有幾位學員是來自於慈善機構。這也讓我意外發現，原來慈善機構也面臨強烈的競爭，也很需要強勢的品牌去支持他們各項活動，尤其是募款。而在台灣，一講到慈善機構，品

牌形象又鮮明且強勢的，那就非「慈濟功德會」莫屬。

「慈濟功德會」是個很鮮明品牌，當然也有很鮮明的代言人：證嚴上人。而「慈濟功德會」是個起步低調的機構。很多人都聽過慈濟發展的故事，一開始慈濟是 1960 年代一群在花蓮有心志工，一點一滴做家庭手工代工，賺一角、五角錢，慢慢累積起來的。後來，慈濟蓋了醫院，又有了更多我們熟悉穿著深藍色上衣、白褲子的師兄、師姐志工。現在的慈濟是個擁有多間醫院、學校的國際級慈善機構。

慈濟是個有影響力的品牌，若是從一個企業管理的角度來分析，這企業成長得很快，很有影響力。單從品牌的角度來看，我的觀察結論是，慈濟做的事「很一致」。當一群人持續重覆又很一致做類似的事務，發揮的影響力就是這麼巨大。慈濟也可以說是《品牌塑造就是共識不斷達成的經過》這個章節的經典案例，慈濟達成的共識已到了社會共識的階段，證嚴上人不但是個好的品牌代言人，更是一個好的領導者，才能讓這個組織這麼一致地走下去。

最後附帶一提，很多慈善機構預算有限，很多明星也願意發揮愛心付出，所以慈善機構不難找到願意付出愛心也願意曝光的明星代言人。許多藝人一起「共襄盛舉」為慈善機構募款造勢，這是一個很有愛也很有意義的畫面。

但是從品牌經營的角度來看，這卻是一個很「傷」的舉動，假如某慈善機構，這個月找個陽剛的職棒球員（英雄原型）來拍攝微電影；下個月又找個搞笑主持人吳宗憲（丑角）來代言，再下個月又找了資深音樂人李宗盛（創作者）來站台……，乍看好像很熱鬧，每個月都有媒體露出，但是這樣做卻會反覆拉

扯自己的形象，讓廣大的民眾記不住你。

下面這個慈善機構，跟代言人緊扣一起，是個強勢品牌。

孫越與董氏基金會

講到公益活動代言人，閃過我腦海，記憶最強烈的人選似乎只有「孫叔叔」這一位。孫叔叔 1984 年開始戒煙，同一年加入「董氏基金會」，常年擔任戒煙宣傳的志工。

孫叔叔以他自己是個過來人且深受煙害的經驗，苦口婆心地勸導大家戒菸，加上反覆在各大媒體出現。所以在我腦海中已對這位大叔有了「戒煙＝孫越；孫越＝戒煙」的強烈連結。

加上孫叔叔自 1980 年代開始便全心投入志工服務，像是器官捐贈、安寧照顧、失智老人、捐血等公益活動，處處皆可看到他的身影，這更讓我深深佩服這位照顧者原型大叔，也因此我對董氏基金會有了初步的認識（即便上面有些公益活動不是董氏基金會的業務）。可惜，孫叔叔在 2018 年過世，我這邊用點簡短的文字向他致敬—孫叔叔不但是個照顧者原型好品牌，也是個好榜樣。

根據我的觀察，慈善機構如果有機會跟個照顧者原型鮮明的代言人長期合作，這會讓民眾對代言人與該慈善機構產生強烈連結（像孫叔叔與董氏基金會一樣），偶爾搭配一些其他名人當然也很棒，但是品牌主原型要明確，千萬別跳來跳去，所以有時也得狠下心來拒絕不適合的代言人與曝光。

一支改變台灣壽險業的雨傘廣告──新光人壽

1980 年代，台灣經濟起飛，不過當時人們的保險觀念普遍缺乏，總覺得「為什麼要把錢拿給一間公司，等出事情了，再把錢拿回來？」這個邏輯讓很多台灣人對保險嗤之以鼻，覺得這根本是詐騙。

為了教育消費者，新光人壽當時拍了兩個版本的「雨傘廣告」，其中一支廣告請到當時知名的電視主持人巴戈和鄒美儀主演，在廣告開頭，兩位主持人撐著一把非常小的雨傘，傘面上還寫著「100 萬」的字眼……，兩人撐著小傘走在大雨中，卻因為傘面太小不足以遮蔽兩人，於是把兩個人都淋成了落湯雞。後來，兩人換了一把較大的傘，傘面上寫著「300 萬」，結果一樣還是會淋到雨……，直到最後，改換最大的傘，傘面寫著「500 萬」，兩人在五百萬大傘的保護下，終於不再淋雨，可以安心地繼續往前行。

另一個廣告裡，廣告裡面有四個角色：爸爸、媽媽及兩個小孩。爸爸本來拿了一支上面寫著「100 萬」的小雨傘，結果只讓自己遮到雨而已。後來他又換了一支「300 萬」的中型雨傘，結果只有爸爸和媽媽遮到雨而已，兩個小孩子遮不到，最後他拿出上面寫著「500 萬」的超大雨傘，這時全家人都不會被雨淋到了！

「在大傘保護之下，人人可以受到照顧」的意念簡單鮮明（這的確是保險的意義），讓新光人壽得以順利推展壽險業務。從此以後，在台灣這種大傘就被約定俗成叫「500 萬傘」。新光人壽也自此跟傘脫離不了關係，很多的識別圖案甚至保單上也都會添加跟傘有關的圖案，又例如新光人壽便曾推出一個退

休壽險產品，名字就叫做「大傘退」。

可惜我在網路上遍尋不著這支老廣告片，不過我對這個廣告的印象很深，30 年過去了，我都忘不了，還真是一支成功洗腦的廣告啊！

另類母親─清潔阿姨與阿姨幫

我有不少朋友旅居對岸北上廣深這些大城市，這些朋友大都擔任台商、外商幹部，而幾年前，一個新名詞「阿姨」開始出現在這群朋友圈的對話裡。

這裡的「阿姨」指的是清潔阿姨，這些阿姨很萬能，對於居家整理清潔都有一手絕技，比這些上班族朋友們來得幹練，做得又快又好。週末來個兩小時，就可以把原本像豬窩的空間弄得乾乾淨淨，甚至連衣服也都幫忙洗好燙平。

這些阿姨也是居家生活資訊達人，我記得有位朋友剛從台灣去上海赴職，初到外地，一切都很陌生，還好有朋友介紹一位很優質的「阿姨」給他，讓他可以快速搞定住所，一切生活所需都多虧這位阿姨幫忙，讓他得以迅速安頓下來，投入工作。

在早年資訊不流通的年代，若要找到這些阿姨來幫忙，雙方就得透過家政清潔公司轉介媒合，中間會被抽取很高的仲介費。而且很多上班族的需求可能跟我的朋友一樣，一週只需要兩三個小時，並不需要這些阿姨天天來。或是有些人希望阿姨每週一、三、五各來 1 小時，或像我是希望阿姨能在我出差時，順便來家裡幫我倒垃圾、收個信……，這些特殊客製化需求會造成媒合上的麻

煩，也讓這些阿姨們很難管理自己的時間。另一方面，這些從外地到大城市打工的阿姨們也很難找到雇主，更別說要找到交通方便在同一個區域附近的雇主，要填滿自己一整天的工時，那是很困難的。

因此，「阿姨幫」的創辦人萬勇在 2013 年時看到這股商機，創辦了「阿姨幫」這個平台協助這些外地來的阿姨找到合適的雇主，活化自己的工作時間。另一方面，也協助像我朋友這類的雇主可以找到合適的阿姨，雙方各取所需。這類的服務迅速得到雙方的支持，阿姨幫的用戶快速累積，目前已有近 4 萬名阿姨登記在案，除了清潔服務，目前還衍生出像坐月子（月嫂）、保姆、傢俱裝修、水電維修之類的服務。

阿姨幫對於這些阿姨的照顧也很週到，協助這些阿姨建立社群，協助他們投保、提供教育訓練等服務也迅速擴張，後來甚至出現了像「阿姨來了」之類的平台，這樣的服務當然是照顧者原型的經典。不過有點可惜的是，阿姨幫的平台、服務都做得不錯，但是形象上卻沒有那麼「照顧者」，真的有點可惜。如果這方面能再加強一制性，一定會帶給消費者更強烈的印象。

觀察與建議

我們都渴望媽媽的照顧，媽媽形象在各國文化裡都有類似的基模，環繞著家庭、照顧、與人接觸的服務業，使用這種形象可以幫你大大加分。近年興起的生技、醫療、長照產業，也很適合照顧者原型。

冷知識五四三

上個世紀，心理學家榮格在心理學界的最大貢獻之一就是提出「集體潛意識」的觀念。人類的集體潛意識大概是這樣：明明我們沒有經過學習或是相互交流，但是我們就是會不約而同產生共同的推論與想像，這是人類不分地域與文化的共同意識。像是世界各地，不少隔絕的民族，都不約而同發展出類似的神話故事、神明崇拜、故事基模或類似的英雄故事。

12 原型的理論也是建立在這個理論基礎之上，京都念慈庵的「孝親圖」引發你的想像，就是經典案例。

IKEA 與創作者原型

人類的聰明才智跟動物很不一樣的地方在於，人類除了利用本能反應來因應環境帶給我們的挑戰之外，我們還懂得創作，利用音樂、文字、空間、雕塑、建築以及各種發明來展現智慧。發明跟創作也是人類成長過程中的一種衝動與需求，

在歷史洪流裡，總有一些創作者讓我們耳目一新，為人類的進步提供助力。

品牌個性	・**正向**：具有創意、專注、執著、想像力豐富、獨樹一格、有品味。 ・**負向**：天馬行空、小題大作、好幻想、不切實際、胡思亂想、天馬行空。
關鍵字	創意、創新、創作、創造、才子、才女、天才、靈感、工坊。
格言	・科學也需要創造，需要幻想。 ・人生就是不斷地創作。
經典品牌	宜家家居（IKEA）、SWATCH、3M、誠品、三宅一生（設計師同名品牌）、ADOBE。
真實經典人物	達文西、愛迪生、畢卡索、植村秀、三宅一生、李宗盛、金鏞、李白、九把刀、魯班、村上村樹。
經典戲劇角色	X 博士、Q 先生、馬蓋先。
次原型	設計師、發明家、作家、藝術家、作詞作曲者、畫家、才子、文青、設計師、工匠、職人、畫家、藝術家。
適合的產品、產業與服務	・各類設計業、設計公司、廣告業、產品種類類別繁多的製造業、出版業、唱片公司、影音工作室、手工作坊、DIY 體驗。 ・支援支持創作者的產品或服務，例如：各種設計發明大獎或比賽、工具、工具機、文具、工廠。各類藝術、藝文創作者。

沒有他，你的生活會很難過— 3M

3M 的產品你或多或少肯定都用過，不過 3M 到底是哪 3 個「M」呢？，3M 是明尼蘇達礦業製造公司（Minnesota Mining and Manufacturing Company）其中 3 個主單字的首字母組成。

1902 年，5 位創始人在明尼蘇達州合資創業挖礦，想把挖出來的剛玉賣給砂輪機業者，結果卻發現他們開採出的礦石完全不適合做砂輪，為了應付這個尷尬局面，他們只好把開採出來的礦砂改做成砂紙販售。

1914 年，公司推出了第一個獨家產品—Three-M-ite 研磨砂布，研磨產品部門成為 3M 公司最早的產品部門。

1920 年代，3M 開發出乾濕兩用的防水砂紙，讓汽車製造過程中的粉塵污染大幅降低，這項產品也成功拯救了 3M 這家公司。慢慢地，3M 似乎也意識到，製造與挖礦無法讓公司大幅獲利，唯有不斷地研發創新才能帶來真正的商機。因此，就像開掛一般，3M 開始成天搞創新，研發新商品。

因為製造砂紙，3M 也開始對把礦物黏到紙上的膠水進行深度研究，故而也開始跨足膠帶、膠水的生產。著名的 3M 遮蔽膠帶（主要用於汽車烤漆，先貼在不想被噴漆噴到到表面，大面積噴漆後後撕下，該表面就不會被噴到漆料）也差不多是在 1920 ～ 30 年代開發出來，次品牌 Scotch（思高）也順勢大量應用在這類型的產品上。

話說 3M 歷年發明的厲害玩意兒實在太多，我們比較看得到的像是下面這

些產品：

（1）1940 年代：高速公路標誌反光膜
（2）1950 年代：錄音帶、錄影帶
（3）1967 年：首款用於呼吸保護的一次性口罩
（4）1980 年代：便利貼

■ 多元創新的理念，
讓 3M 始終穩居美
國前五百大企業。

上述這些大都是我們一般消費者看得見的消費性產品，3M 還有許多工業產品及研發專利，主要是授權給其他企業來牟利，多元創新的理念讓這家公司始終穩居美國前五百大企業。

企業內部故事經典— 15% Culture

1948 年，麥克奈特（William L.Mcknight）主導的 3M 公司推出著名的「15% 原則」（15 percent 原則，也稱「釀私酒」政策），研發人員每週可以拿出 15% 的工作時間來研究自己感興趣的東西。

公司高層之所以敢這麼大膽，也是因為過去凡是正規規劃的研發，其成效都還比不上研發人員個人私下熱情投入的項目。

「15% 規則」給 3M 帶來了豐厚回報，也幫助公司招來了善於發明而又雄心勃勃的員工，加強了 3M 作為創新企業的品牌建設。3M 很多知名的產品，如 Post-it 便利貼、思高潔（Scotchgard）面料防水劑和微孔（Micropore）醫用膠帶，以及改進磁帶的生產技術等都來自於「15% 規則」。

IKEA 與創作者原型

「15% 規則」鼓舞了其他公司效仿，其中最有名的就是 GOOGLE 讓旗下工程師把 20% 的工作時間用來做自己的專案。3M 公司每年為公司從事研究工作的科學家頒發「創始基金」（Genesis Grants），獎金額高達 10 萬美元。這些錢由同事決定去向，而且要用於「公司中所有講求實際、思想傳統的人都不會投資的」專案。

2003 年，威廉・麥克奈特被《財富》雜誌選入美國「有史以來十位最偉大的 CEO」。評語是「在 3M 公司，他給予萌芽中的創意自由成長的空間，但堅持這些創意必須依靠自己的力量生存。」

故事行銷這幾年很盛行，與自家公司理念相符且原型一致的故事，不用大力宣傳，都會有人幫忙傳遞。

讓你設計師上身── IKEA

1943 年，英格瓦・坎普拉（Ingvar Kamprad）先生在瑞典成立 IKEA，公司一開始只是在瑞典做一些民生用品的買賣。1948 年，因為幫某項產品取名露絲，所以從此以後為家具取人名，便成為「宜家家居」（IKEA）的傳統。

1950 年，宜家是靠郵購目錄，郵寄家俱成為北歐最大的傢俱賣場。宜家於 1990 年，在台灣開店，1998 年前進中國大陸。

不知道大家逛 IKEA 的時候，會不會覺得跟逛特力屋很不一樣？我問過很多朋友，大家都說在逛 IKEA 的時候，都會有種室內設計師上身的感覺，這可以從進 IKEA 展示區之前就開始的一連串暗示說起……。

IKEA 的廣告很少訴求「傢俱是舒服耐用的」，它反而會不斷強調，IKEA 協助你設計你的家（這是第一個暗示）。進到 IKEA 之後，你會在門口就看到小鉛筆、布尺，把布尺掛在你的脖子上，把小鉛筆插在耳朵上，手上再拿一本印刷精美的目錄，我想你真的會開始覺得自己是一位室內設計師了（這是第二個暗示）。

IKEA 的陳設都是情境式的陳設，像是嬰兒房、小孩子的書房、都會上班族或粉領族的小套房、小客廳、工作室等。這樣的陳設，很容易讓人開始想像：「嗯，要是這個擺在我家，應該怎樣怎樣……」、「孩子的那個小房間要是弄成這樣，應該很棒……」（這是第三個暗示）。

再者，IKEA 的傢俱大多可以排列組合，像是沙發會有單人、雙人、L 型等多種選擇，沙發布更有多種材質及顏色可供任意選擇搭配，若再加上沙發靠墊、小枕頭等配件，這確實會激起我們身體裡的「設計魂」開始創作，而創作是會讓人興奮且產生成就感的。因為光透過幻想，消費者就已得到了很高的滿足（這是第四個暗示），這種滿足，一不小心就把你推坑，讓你乖乖掏錢。

如果你仔細看看 IKEA 的經典傢俱或是新進放在主要展示空間的傢俱，你會在吊牌上看到設計師的國籍、姓名、照片及簡單的設計理念。你來 IKEA 是去欣賞這些設計師的作品，不僅僅是採購家俱而已（這是第五個暗示）。

把 IKEA 的傢俱買回家，你得拆開、組裝，如果組裝還算順利，在這過程中，你心裡的創作者會得到很大的滿足，更別說組裝完成後，你會拍照上傳到 FB 或 IG 去跟朋友炫耀，在朋友的眼中，你也可以是個有品味、懂設計而且手

巧的 maker 呢（這是第六個暗示）。

在這六重的暗示下，你從一般的市井小民被催眠成為一名室內設計師，你得到了滿足，願意從荷包裡掏出新台幣來奉獻，成為 IKEA 的信徒。

IKEA，你真好樣的！

以創作者為品牌名稱──植村秀、三宅一生、Dior

像是植村秀（彩妝大師）、三宅一生、Dior 等設計大師，以他們本人為名的品牌，也是創作者原型表現的經典。這些大師本人就代表品牌，看到這些品牌很直覺地就會想到這些大師，在其專業領域上大放光彩。不同於喬丹只是代言自家品牌的籃球鞋，植村秀跟三宅一生，是真的有能力操刀設計自家產品的。當然，這些大師也得保證自己的創作靈感源源不絕，才能撐起這個品牌。

短期而言，這些大師即品牌的好處是「這些大師就是活廣告，透過媒體宣傳報導，可以很鮮明地在消費者心中刻劃出強烈印象。但要是大師不幸過世了，大師的人格務必要轉化品牌精神，並且具延續性地傳達出去，除非大師在過世前做過很好的規劃，否則要撐過這個過渡期實在不容易。另一方面，當大師過世好一陣子之後，到底這品牌是要繼續傳播大師的故事與理念，還是要淡化大師的色彩，這也是個兩難……。

Dior 的創辦人克里斯汀‧迪奧（Christian Dior）於 1957 年過世，我相信本書大多數的讀者是在此之後出生的，因此無緣聽過或看過 Dior 本人。對我們這一輩的人來說 Dior 是代表克里斯汀‧迪奧本人，還是另一種轉化的精神

呢？

　　這就值得我來說說克里斯汀‧迪奧的故事了......

　　1905 年，克里斯汀‧迪奧出生在法國諾曼第的貴族世家，家裡很有錢，不愁吃穿的迪奧卻也背負家族的使命，因為他必須選擇學習政治外交，放棄自己喜歡的藝術。不過後來，他還是說服了父親投資他開設畫廊，並跟當時極富盛名的畢卡索、達利、馬蒂斯等藝術家合作。

　　1929 年，適逢經濟大蕭條，迪奧的父親因為股票投資失利破產，迪奧只能賣掉畫廊與公寓，兩年後，母親又過世，他只能靠朋友接濟過著有一餐沒一餐的生活。後來又不幸染上肺結核，所以只能窩在法國海邊的小城市調養身體，不過幸運的是，他終於有時間來學學他喜歡的繪畫。

　　1935 年，他開始為《費加羅報》作畫，用很低的價格在巴黎街頭出賣自己的時裝畫，日子過得實在不怎樣啦！

　　1938 年，他加盟羅伯特皮凱（Robert Piquet）公司，任助理設計師，迪奧終於開始接觸時尚設計，只是過沒多久，二次大戰開打，迪奧參軍去了，等到 1940 年他再度回到巴黎，原本的工作早已被人取代。

　　1941 年，迪奧加入了當時最有名的服裝設計師的團隊，得以跟當時的時裝大師皮爾‧帕門（Pierre Balmain）共事，這段期間，迪奧的設計功力大進，不過他終究還是一位名不見經傳的打工仔。

　　1946 年，迪奧的好運氣終於來了，他結交了一位紡織業的鉅子並且願意

投資他 5,000 萬法郎去成立時裝公司，迪奧採用路易十六橢圓形加上鈴蘭做成他的商標。

1957 年，創業 11 年後的迪奧心臟病突發過世，享年 52 歲。Dior 在克里斯汀‧迪奧的主持下，雖然只有短短 11 年，但是迪奧在這 11 年裡獲獎無數，還拉拔了兩位後來也自創品牌赫赫有名的時裝大師：一位是後來自創 YSL 的伊夫‧聖洛朗（Yves Saint Laurent），另一位是自創同名品牌的皮爾‧卡登。我們說是 Dior 讓二次大戰後的巴黎，重新回到世界的時尚中心，一點不假。

在我的感覺，Dior 這個品牌在創辦人克里斯汀‧迪奧過世之後，逐漸轉化成統治者原型品牌，且屬於低調奢華型的統治者原型。在他們的服飾上，不會有大大的 LOGO，只會在衣標上看到小小的「Christian Dior Paris」，店面也不張狂，呈現出自信與典雅。

堅持的職人─馬自達

說起馬自達對「轉子引擎」的堅持，便得從 1960 年代，馬自達自德國引進轉子引擎後開始講起。

剛開始，這家公司研發人員總是感到孤獨痛苦，原因在於轉子引擎結構比一般活塞引擎複雜，而且還不是市場主流，加上可以借鏡合作的企業或學術單位很少，更別說後續的維修……，換言之，公司得自行培訓專業的技師。

一開始，轉子引擎全面應用在馬自達的所有車型。引擎的特色是：高轉速時，輸出動力大，同樣的體積，轉子引擎比一般活塞引擎可以輸出更多的動

力，加速性能也更好。若放在對速度要求的跑車、賽車上，簡直是屌打活塞引擎啊！

然而有一好便無二好，轉子引擎的燃油效率較低，排放廢棄的內含污染物較多，而且耐用性低（簡言之，就是容易壞）。這幾十年，為了拯救快要沒地方可以蹲的北極熊，還有全球越來越糟的空氣，各國相繼推出嚴格的環保法規與排放標準，這對堅持使用轉子引擎的馬自達實在是個大挑戰。

就在幾乎全世界所有車廠都放棄轉子引擎時，馬自達還是在自家跑車上堅持使用轉子引擎（這實在是一種情懷啊）。這五十多年來，馬自達不斷在轉子引擎上「堅持→受阻→突破」，這樣的劇碼不斷上演。馬自達很多次因為各國環保法規，不得不停止銷售，但是經過技術革新，又重回市場。馬自達對轉子引擎這樣對單一方向的堅持，堪稱一絕，這種堅持，當真是創作者精神的最佳表現，當然也吸引了一群死忠關注的技術鐵粉（本人大膽判斷，馬自達很可能在 2020 年，又會重新復產搭載轉子引擎的跑車。）

只要你創作夠多，產品就是廣告

3M、YAMAHA、Panasonic、Swatch，上述這幾間公司，不大常看到他們的大量投放廣告。但是他們鋪天蓋地不停在我們身邊出現新產品，不斷地告訴我們，他們就是最好的創作者。一如我成長的過程，時不時就會聽到李宗盛創作的歌曲，李宗盛不用告訴我他是什麼形象，在我腦他就是個創作者品牌。

美國的 3M 還有日本的 YAMAHA，不用廣告，我也知道他們是無所不包

的全能創作者。

看不爽！ 就自己幹！— YAMAHA

1887 年，YAMAHA 創業者山葉寅楠在靜岡擔任修理醫療機械的技師，也兼職修理各類機器。

某天，山葉桑在修理進口風琴的時候覺得「這個我自己也能做」就開始做風琴了，做了風琴就做了鋼琴及各種樂器，做樂器的過程累積了不少木工技術，就開始做傢俱。時間進入二次大戰，日本政府委託 YAMAHA 做木製螺旋槳，為了測試螺旋槳，所以跟政府借用航空發動機來實驗，但是這航空發動機相當難用。（唉～老子自己研發發動機來用總可以吧！）所以居然也開始做起發動機。

二戰之後，YAMAHA 集團被迫解體，當時窮困的日本不大需要樂器，為了重振公司，工程師把發動機的技術用在機車上，於是，YAMAHA 又開始做機車，機車做得不錯，機車引擎越做越好，甚至還幫豐田代工製造引擎（漫畫《頭文字 D》裡藤原拓海駕駛的 AE86，就是搭載 YAMAHA 代工的引擎）。

汽車引擎做得不錯，那順便也開發一下船用船外機吧！有了船外機，順便也把船體做一做吧！於是開始研究 FRP（玻璃纖維強化塑膠），有了 FRP 又把這東西運用在滑水溜滑梯還有浴缸……。不過即使事業蓬勃發展，但他也從未放棄老本行，想製作樂器的夢想也從沒放下，做了鋼琴之後又做了鋼琴以外的各種樂器，緊接著又開始搞電子音樂，為了追求完美的音質，電子元件也自

己做，甚至「順便」也把網路路由器開發出來，有了路由器，公司裡的工程師都上網玩一玩吧，順便把之前研發的音樂軟體跟資料庫整合一下吧！又這樣，YAMAHA 玩出了「初音未來」，再把「初音未來」從平面做成 3D 全息立體影像，然後還到處開演唱會……

媽呀！有什麼東西是你 YAMAHA 搞不出來的呢？

我在這邊幾乎可以下個結論了—美國有 3M、日本有 YAMAHA 兩者同樣都熱愛創作，一樣張狂！

華人圈缺乏創作者原型品牌

雖然中國有引以自豪的四大發明，但是中國人向來對發明家、藝術創作者沒有太高的評價，總覺得他們不過是工匠。在過去幾千年獨尊儒術的觀念下，中國人直到清末被西洋船堅炮利給敲醒，這才發現創作與創新原來這麼重要。

受到西方思想與資本主義的影響，華人越來越對創作者原型，表現出需求與肯定。如果你從事的產業，符合本章前面的精神，使用創作者原型在華人市場，似乎比較容易脫穎而出，贏得消費者的目光，留下深刻的印象。

觀察與建議

如果你的企業，不斷推陳出新各種多元產品，像是 3M、菲利浦、YAMAHA、GE（這幾家是怪物），或是至少在某個領域裡有大量的創作，像是 SWATCH 之於手錶業、IKEA 之於傢俱業等等，那麼你就很適合運用創作

者原型。

如果你的企業對某個領域，始終不斷地給予很有「特色」的堅持，並有一代傳一代地相繼有產品問世，像是保時捷跑車對敞篷後置引擎及後輪驅動的堅持、馬自達對轉子引擎的堅持、萊卡（Leica）、蔡司對光學產品的堅持等等，那麼你都很適合運用創作者原型。

■ SWATCH 不斷推陳出新各種手錶，是創作者原型的經典。

最後，如果你的企業及產品是協助創作者創作，像是樂高積木、美國 Crayola 蠟筆、Adobe、Solidwork 等軟體，那麼你也很適合運用創作者原型。

冷知識五四三

思高（Scotch）是 3M 公司旗下，用於膠帶產品和清潔產品上的次品牌。相傳在 1920 ～ 30 年代，Scotch 是一個帶有貶義的形容詞，意思是「吝嗇的」、「小氣的」。 Scotch（思高）這個品牌大概誕生於 1925 年。當時，3M 的一名員工：理察·德魯（Richard Drew） 正在測試他的的第一款遮蔽膠帶，看需要添加多少黏膠才合適。

一些汽車修理廠的油漆工對理察提供的膠帶樣品十分火大，告訴他：「把這些膠帶拿給你們那些「Scotch」（小氣的）老闆，讓他多放點膠在上面」。隨後，Scotch 這個品牌便這樣傳開，並被迅速用於 3M 公司生產的整個膠帶產品線。所以嚴格說來，Scotch Tape 翻譯成中文，應該叫「小氣膠帶」才對啊。

愛馬仕與統治者原型

凱莉：「鉑金包？！那根本不是你的風格好嗎？」

莎曼珊：「那跟風格無關，拎著那包的意義才是重要，」

凱莉：「這會花掉你 4,000 大洋。」

莎曼珊：「當我能拎著那包包四處晃，我知道我已經飛黃騰達了」

—出自《慾望城市》第四季第 11 集

品牌個性	・**正向**：氣派、安穩、穩重、尊榮、高貴、正經、派頭、威嚴。 ・**負向**：僵化、專制、威權、官僚、封建、獨斷獨行。
關鍵字	統治、穩定、治理、安定、秩序、方向、權貴、聯合、統一、安穩、傳統、榮耀、制度、聯合、階級、上層社會、統治階層、封建、中央、帝國、皇、王、帝。
格言	・權力不是一切，而是唯一。 ・財富、知識、榮耀，不過是權力幾種類型。
經典品牌	勞斯萊斯、勞力士、賓士、美國運通、愛馬仕、阿聯酋航空、微軟、IBM、圓山飯店、人民大會堂。
真實經典人物	凱薩、亞歷山大、邱吉爾、漢武帝、川普、郭台銘、蔣介石、毛澤東、拿破崙。
經典戲劇角色	伏地魔、玉皇大帝、上帝、閻王、宙斯、冥王。
次原型	政治家、財閥、霸主、主人、領袖、君主、王者、領導者、王侯、女王、諸侯、統領、酋長、主席。
適合產品、產業服務	・各行各業頂級的產品與服務、歷史悠久的企業、大型企業或集團、珠寶、銀樓、鋼筆、執政黨候選人、重工業、房地產商、旅館、餐廳、汽車、遊艇、郵輪、私人飛機、航空公司、保全、人本禮儀公司。 ・跟金融與信用相關的：銀行、證券投資、保險、當舖、信評機構。 ・政府機構，尤其是司法、金融、警政單位。

貴族用的產品或服務流入民間

話說從上個世紀初，世界各地開始爆發民主革命，推翻皇權封建統治至今也不過一百多年。然而即使是今天，許多國家還是保有皇室制度，像是英國（還有歐洲的一堆小國）、泰國、日本、汶萊、卡達、科威特、阿拉伯聯合大公國等等。

不過，隨著貴族落沒，當年有些貴族才能享用的產品或服務，也流傳到民間像是：中國的滿漢大餐、為歐洲皇室釀造的葡萄酒、御鹿干邑、拿破崙，或是某些過去只服務貴族的餐廳或飯店、法國巴黎喬治五世四季酒店皇家套房、皇家才用得到的器皿，以及英國皇家道爾頓（ROYAL DOULTON）的骨瓷器皿等。（我在前面章節提過的 Chanel N°5，也是由本來為俄國貴族服務的香氛師流落到歐洲後跟香奈兒合作，這才開發完成的）

承襲傳統的愛馬仕

1837 年，愛馬仕先生（Thierry HERMÈ 1801 ～ 1878 年）在巴黎製作馬具，因為製作技術精湛，加上得過幾個大獎，因此深受上流社會歡迎。1880 年，第二代接班人 Charles-Emile HERMÈ 把愛馬仕總店搬到巴黎的福寶大道（Bar du Faubourg），因而吸引了許多貴族客戶青睞。（後來愛馬仕在福寶大道的總店，也成為該大道的地標。）

不過這時的愛馬仕，仍然以製作馬具及相關皮革產品為主業。愛馬仕先生的孫子，也就是公司第三代的接班人 Emile-Maurice HERMÈS（1871 ～ 1951

年）很有危機意識，認定汽車終將會取代馬車，公司若單做馬具生意，風險很高，所以決定將事業版圖朝向更多角化的經營。故而自 1890 年代起，他開始以製作馬具的技術為基礎，陸續開發了皮箱、皮包等商品，此時的愛馬仕甚至製作出最早的手提袋。

■ 愛馬仕真的生意與馬有關。

愛馬仕最出名的凱莉包的原型 Hight Bag，也是在這段期間（1892 年）誕生。當初這款包包原本只是個馬鞍附屬袋，1930 年代愛馬仕修改尺碼，以方便仕女們攜帶。

王妃專屬的凱莉包

凱莉包真的大紅大紫，其實是在 1956 年，《LIFE》雜誌刊登了摩洛哥王妃 Grace Kelly 拿著最大尺寸的凱莉包，遮掩懷孕肚子的照片而廣為人知，此一消息與照片公開後，市場上頓時掀起一波風潮。只是大家雖然都暱稱這款包包為凱莉包，但實際上直到 1977 年，大家都喊了快 20 年，愛馬仕才正式將這款包更名為 Kelly Bag。

1970 年代以後出產的凱莉包，每個都有獨立的編碼標記在背帶內，字母代表工廠，之後跟著年份，甚至還有製作工匠的編號。

凱莉包儼然成為愛馬仕旗下的另一個子品牌，愛馬仕公司還推出了很多脫胎自凱莉包的衍生產品，比如手錶、首飾及女裝等，儼然成為愛馬仕旗下的次品牌。

愛馬仕與統治者原型

有錢未必能買到的柏金包

　　關於柏金包的誕生，網路及各種文獻上充斥著各樣的版本，不過即便如此，仍有一個共通性質的版本是— 1984 年，英國女星，珍‧柏金（Jane Birkin）在搭飛機時遇到了當時第五任愛馬仕總裁 Jean-Louis Dumas。當時，珍‧柏金（Jane Birkin）包包裡的東西散落一地，Dumas 看不下去便說：「你該買一個口袋多一點的大包包。」

　　而珍‧柏金當下立馬回應：「如果愛馬仕推出這麼一款大包包，我就買……」

　　Dumas 也不含糊，立即答允：「我就是愛馬仕的總裁，讓我來為你設計！」

　　柏金包從此問世……

　　另一說是，珍‧柏金跟 Dumas 抱怨她缺了一個可以在週末帶出去，大一點的休閒用包包，因此 Dumas 回去努力研發。還有的版本說是倆人在飛機上偶遇後，Dumas 邀請 Birkin 一起來共同設計。甚至還有一說是愛馬仕在 1984 年推出的柏金包（Hermés Birkin Bag），起因是三年前他們曾在飛機上聊過天，珍當時剛生女兒，珍希望愛馬仕能設計一個方便攜帶嬰兒用品的包包。反正這次天上的偶遇，讓 Dumas 有靈感去開發設計比凱莉包大一點點且更具休閒感的包款，故而催生了這個舉世聞名的柏金包。

　　再者，柏金包可不是有錢就買得到，你得要先交錢，還必須在候選名單中排隊，短則半年，長則一年，才等得到這個手工打造限量發行的包包。無怪乎

在著名美國影集《慾望城市》裡，莎曼珊會說：「當我能拎著那包包四處晃，我知道自己已經飛黃騰達了。」

有了柏金包，那就意味著你已擠身上流社會了。

透過限制手段，貴族階級再現

凱莉包、柏金包、賓利轎車、勞司萊斯汽車都強調手工打造、專業訂製、限量、審查名單。而這些手段都指向一個概念：擁有這些產品的消費者，屬於特別的階級（不是光有錢就可以）。即便很多國家沒有了貴族這種階級，但是透過這些消費手段，尊榮的階級再次重現。

■ 嚴密的審查機制，將黑卡擁有者從一般的美國運通綠卡中提升至另一個階級。

Centurion Card

推出年份	1999 年首度在英國推出，2000 年在香港推出。
推出市場	美國、英國、德國、香港、日本等 15 個國家及地區。
申請資格	不接受申請，必須獲得美國通過邀請才能擁有。該公司會根據客戶資產、信貸表現和消費狀況發出邀請。
年費	入會費和年費均為新台幣十六萬元。
特點	1）不設信用上限。2）會員擁有專屬客戶經理，全年 365 日為其處理各種個人需要。3）卡申由鈦合金製造。

資料來源：美國運通

例如美國運通發行的黑卡，也不是你大爺有錢去申請就可以拿得到。「有錢」只是最最基本的門檻，你必須透過在美國運通裡，具備一定層級以上的人向組織推薦並邀請，經審查通過後才能核發。這樣的機制，又將黑卡擁有者從一般的美國運通綠卡中提升至另一個階級。（請容我合理的懷疑，黑卡一定有跟這些奢侈品牌合作，秘密推出一些只有黑卡客戶才買得到的限量商品。）

當然不是每個企業或產品都有能力或有必要，弄出這樣的階級。但是偶爾利用上述手段，創造一點差異化或是市場話題，也是很好的策略。像是百貨公司消費滿一定額度會成為尊榮會員、限量的手機背板的大師刻字、只有專屬會員才能優先訂購或享用的產品或服務，機場專用的通道與休息室等，精緻手工、專業訂製、限量、候選名單、會員制等等都是創造階級的手段。像是勞斯萊斯就是這類產品的經典款，也因此，「勞斯萊斯」變成了頂級的比喻。例如我們若形容某一款筆電說是「筆電產品中的勞斯萊斯」，那大家一聽就能明白，這款筆電肯定獨一無二，而且十分豪華、頂級。

我夠大，規矩（格）我說了算

現在不比中古世界的歐洲，只要擁有一支軍隊再佔領一座城堡，弄幾個莊園有食物供給，你就可以自立為王。不過即便如此，想當「主宰」的夢想依舊存在於許多創業者的心中。

還記得當我在工研院工作時，每一個在做科技研發的廠商都有一個願景——如果 XXXX 的規格未來是由我們來主導制定，那我們就成王了。1980 年代的

IBM 跟 2000 年的微軟，都可以說是這樣的霸主。

當年電腦規格他說了算── IBM 帝國

這就讓我想起了 1980 年代的 IBM，當時 IBM 是電腦帝國霸主，用「帝國」這兩個字形容它一點都不為過，至少從我高中到大學畢業這段日子，去買電腦跟相關產品的時候，都要注意是不是能與「IBM」相容。那個年代的電腦世界，IBM 就是老大，一切他說了算！

IBM 在業界呼風喚雨，由他製定出的規格若不照著辦，輕則沒生意可接，重則被排擠圍勦，慘烈程度不下於當年的軍閥混戰。這邊我想特別說明一下，IBM 對外的形象宣傳可沒特別強調自己是個「帝國主宰」或「威權霸主」。不過因為當年它的勢力實在太龐大，影響力太深遠了，所以讓自己不知不覺成霸主形象。不過權威帶給消費者的好處是什麼？安全與穩定，當年要是我是公家機關的採購，我不知道要買什麼品牌的電腦週邊，只要我看到是 IBM 相容，甚至有 IBM 給的相關認證，那我就安心了。

威權在民主世代抬頭，世人渴望秩序與穩定

在 21 世紀剛剛開始這幾年，不少民主國家選出了專斷獨行的狂人擔任國家領導人，好像在開民主倒車一樣。不像幾百年前，威權統治者是靠武力篡位奪權而來，這些狂人的權力是選民用選票產生的。例如美國總統川普，一上任就恨不得把新移民全都趕出美國，所以弄出一堆移民法修正案，甚至還說要在美墨邊境蓋長城……。美國人理智上都知道，移民帶來文化刺激與衝擊，這是

美國國力強大的基石，但卻不希望那些連英文都說不好的異族干擾原本平靜的美式生活。

菲律賓總統羅德里戈・杜特蒂，一上任就開始大力掃毒，甚至對毒犯是祭出「格殺令」，警察可當街擊斃可疑的嫌犯，當全世界輿論在質疑他的殘暴作法時，他還在電視上大喊「殺得好」，民眾支持度不減反增。菲律賓人對黑社會與毒品反感了，希望有更大的權威來回復秩序。如果秩序與穩定的代價是殘暴，菲律賓的百姓似乎是願意接受的。

印度總理莫迪則是在 2016 年下令，印度最大幣值的 500 元與 1,000 元的鈔票「隔日」作廢。莫迪希望藉著此一瘋狂的政策，能讓家中囤積大量貨幣的這群不誠實納稅的商人、貪腐官員、罪犯和地下經濟從事者，財產迅速歸零，這麼「狂」的政策，當真史上少見。

這些狂人不但政策強悍，在媒體前面發言也是狂妄至極。相較這幾位民選狂人，本來我覺得很狂的戰鬥民族俄羅斯總理普丁，好像還算挺「正常的」。

這本書不是在談論政治，但是我想用這些文字跟讀者們說明。乍看我們渴望民主自由，但是在亂世中，民主自由帶來的低效政治與無能政府，往往讓市井小民會希望能有強勢領導人來改變一切。如果你是從政人士，看看現在的環境，或許你就會知道應該怎樣調整你在選民心中的形象。

觀察與建議

統治者原型最適用於以下的產品或服務，例如：

（1）有錢人專屬的奢侈品與服務。遊艇、私人飛機、黑卡專屬服務、高級珠寶店、藝術品拍賣、豪宅社區、魚子醬。

（2）該領域最高等級的產品。如最貴的泡麵（滿漢大餐）、最貴的手機（機皇）。

如何給人統治者的形象

（1）以國名、地名為名的品牌，會給人統治者的印象。如果你初次到韓國，你事前沒做功課，當你過了海關，想在機場裡租車，有一間租車櫃台上面寫著「大韓租車」，這家公司用的 LOGO 就是韓國的國徽（太極圖），你可有一種感覺：「嗯～～可能這家公司是韓國最大或最老字號的租車公司吧！找他們租車可能安全點……」

在一般人的心中，很容易在沒有背景資訊狀況下腦中產生這樣的印象：

亞洲造船：他可能在亞洲是最大或最老的造船廠。

香港證券：他可能是香港第一家營業的券商。

南京大當鋪：這感覺可能是南京資格最老的當鋪。

東京大飯店：這可能是東京最老最大的飯店。

加拿大航空：應該是加拿大最大，最有代表性的航空公司吧！

臺灣積體電路：應該是台灣最大的積體電路商（其實真的是）

如果你的企業，想要給客戶這樣的印象，這不失為一種好的命名法。

其他的字眼像是：聯合、中央、帝國都有這樣的效果。

（2）如果你是新創企業，而且是小規模的公司，這時使用統治者原型，會像是小孩偷穿爸爸的高級西裝。例如幾個大學生，一起組個手機遊戲，小小工作室，資本額 20 萬，取名叫「大中華遊戲開發」。（怪怪的）

（3）藉用統治者之名，襯托自己的高級頂級服務。像是凱撒大飯店、亞歷山大渡假村、君悅酒店等，都是利用古代知名帝王為名的服務或飯店的概念，不過在兩岸、這些名字被用的有點浮濫，建議得多認真讀點歷史，找些別人沒想過的名字才行。

（4）大型 B2B 公司極適合統治者原型。台灣半導體大廠聯華電子，當年成立時，的確有一堆初始股東公司裡頭都有「華」字，前面又加上個「聯」字，叫起來確實很氣派。

（5）統治者品牌都是低調內斂的。賓利汽車、愛馬仕柏金包、美國運通的頂極黑卡，這些品牌都不需要打廣告做宣傳，高品質與良好且限定會員的服務，自然而然的口碑就會傳遞開來。廣告做太多，反而顯得俗氣。入門款的名牌包包大多會有顯眼的 LOGO（有點像爆發戶），方便消費者記憶，反觀越是頂級的包包，LOGO 往往越不顯眼，所謂的「低調奢華」概念大抵便是如此。一如自信心滿滿的有錢人，不需要到處跟別人說：「我很有錢！」

（6）小眾的優質客戶，客戶即代言人。如果滿街都是賓士車，街上 10 個女生裡有 3 個拿著愛馬仕的柏金包，那這這個品牌很快地就會被「凡夫俗子」

化了。賓利的高級房車、美國運通卡、柏金包都採用「限量會員制」或是「量身訂做」的概念，不是有錢就買得到，這些公司可不容許沒水準的暴發戶拿著他它們的產品到處招搖，壞了它們苦心經營多年的品牌形象。

如果你真心想經營統治者原型品牌，客戶量不求大，而且要認真挑客戶，因為這些客戶不但是付錢的消費者，也是你的廣告代言人。

（7）跟土地有關的產業。統治者離不開土地，所以世界各地渡假村、土地開發商都喜歡用統治者原型，畢竟擁有土地也會讓人有安定的感覺，雙方相輔相成。

冷知識五四三

1999 年，美國運通發行了「Centurion Card」百夫長卡，後來有白金卡還有黑卡，不管哪一種卡，中間都會有個「羅馬戰士」人頭。很多人猜他是亞歷山大、凱薩等羅馬著名君主。

他其實不是任一位君主，他是位「百夫長」，百夫長乍看好像只能管一百人，但在古希臘時代，這其實是一種社會階層，把它視為軍官等級就可以了。在古希臘，打仗是貴族負責的榮譽，若能在貴族裡百中挑一，那麼肯定是人中龍鳳，地位跟能力雙雙受到社會肯定。透過這張卡的名稱，直接點出了卡片擁有者的社會地位。

▌什麼是好的原型？別誤用 12 原型

本章節寫在全書的末尾，也算是種 Q&A，回答我跟客戶在使用 12 原型時，可能碰到各種狀況。

什麼是好的原型？

上完課的同學，有些人會問我這樣的問題，我回答他們通常就是這三句：「內部覺得舒服」、「外人覺得合理」、「總體表現一致」。要是再多問我一次，我還是這三句，或是我會說：「身為一位『外人』，我覺得 XX 原型，會適合你們公司。」

從上面的對話你可能會發現，學員習慣跳過「內部覺得舒服」這步驟，拼命的問外人的觀感。12 原型好用的第一步先是搞定內部，先解決內部矛盾，再解決外部衝突。

誤用 12 原型

12 原型最常見的誤用，就是利用 12 原型來貼標籤，然後去說服對方，對方是錯的。

對於 12 原型的應用，貼標籤只是第一步，貼標籤的目的也是為了讓大家利用標籤，後面可以有更高效的討論，更容易達成共識。如果在貼標籤的過程

中就引發爭執，或是沒意義的冗長辯論，那麼就本末倒置了。

原型一旦訂下去，就不能改？！

品牌塑造是共識不斷達成的經過，原型有點像是個品牌憲法，是很大的指導方針，要慎重製定，一旦定下，便不要輕意去改。請注意我的說法，我是說不要輕易去改，沒說不能改。就算是憲法，各國也都可以修憲不是嗎？

一般企業常見的狀況是，沒有明確的定位或方針（沒有憲法），或是很草率的弄個定位或指導方針（草率制憲）。如果這個指導方針在公司裡，是草率製定出來的，大家當然也不會把它當憲法一般尊重或執行，甚至會想隨意修正它，它也無非發揮指導作用。

我時不時會看到有些公司，拍了一部很棒的廣告片，然後回過頭去修正自己的品牌定位，好迎合那部廣告片，這真的是本末倒置。

12 原型不夠用啊？

12 原型最重要的功用是達成共識，對於團體而言，12 個選項其實是不錯的數目，既不會太多，也不會太少，畢竟這可不像繪畫顏料，越多越好。給團隊太多選擇，反而會讓團隊更混淆。

你仔細算算，如果加上前面複合原型的概念，總共有 144 種排列組合，應該很夠用才對。

什麼是好的原型 別誤用 12 原型

我們可以發明自己的原型嗎？

請容我再說一遍：12 原型最重要的功用是達成共識用。

如果今天你的團隊，大家想出一個原型角色叫「浪子」。用這個「浪子」角色，團體內大家都很有感覺，有共識，而且大家可以很鮮明一致的闡述。那麼恭喜你，就大膽使用吧！

我在本書最前面的章節「站在巨人的肩膀上」當中曾經說過，12 原型是這些前輩（榮格、坎伯爾、皮爾森博士）多年整理出來，是人類集體潛意識裡頭都有的角色形象。因此用這 12 原型當作共同語言來引導達成共識，就可以省不少力。如果你們團隊自己就有一個形象，大家都認同，你不一定要用本書裡的這 12 個，重點是共識達成就好。

不過，自己發明原型有個壞處，就是可能不大有現成案例可供你參考。12 原型經過這幾十年的學術發展，在網路上有不少整理過的資料。所以一旦用 12 原型決定好你的原型，你用抄的都可以抄出許多好的標語、LOGO、視覺或廣告靈感。使用自己獨創的原型，未來在發展上述行銷內容或是產品設計的時候，那就得靠自己摸索了。

利用 12 原型跟設計師溝通
應用三步驟：確認原型→確認模仿標的→利用模仿標的，溝通發想

本書看到這，總該跟各位說說該如何應用。真的就是上面三步驟是最簡單的應用。我舉個例子，如果你個背包客客棧的經營者，你想弄個網站，但是你

自己做不來，你得找個設計師幫你做網站

（1）確認原型：經過內外部討論，你跟設計師確定使用「探險家」原型。

（2）確認模仿標的：探險家原型在業界知名品牌不少，你覺得 JEEP 跟 North Face 這兩間企業的網站你很喜歡。

（3）接下來你跟你的設計師就可以利用 JEEP 跟 North Face 這兩間企業的網站當作基模，並大量的模仿其中的元素，修修改改成你要的網站。

這是不是很快，很具體，又很有效率呢？過去大多數的溝通會卡住，是因為我們都慣用形容詞來溝通，但是形容詞很容易有誤解。用原型加上基模，再拿業界知名品牌當標的模仿，你會很快就「有型」了！

12 原型是否有其他應用？

12 原型本來是卡蘿・皮爾森博士用在心理諮商上面的理論，網路上也有人格評量，你 GOOGLE 一下就有了。

如果是商業上的應用，我這邊曾利用 12 原型協助廠商開發新產品，還有建立資料庫。

尤其建立資料庫是件超級厲害的應用，例如我這邊有 12 原型適用的色彩資料庫、12 原型適用的標語語錄，我未來的目標是建立 12 原型的素材資料庫，這方面會需要很多學術單位的合作，歡迎您跟我聯絡。

　　有了這些資料庫，當企業決定了要使用某一原型，接下來所有的素材用查表就可以完成，從產品設計到廣告創意一條龍服務，是不是好棒棒！？

　　那為什麼這本書沒有呢？

　　因為這本書已經太厚了，我們一步步來，下一本就會講到這些了～乖～～。

時勢造品牌，強求不得

　　這篇文章寫在本書的末尾，實在是因為有很多的感慨。過去一百年，成功學當道，這一類型的書籍喜歡回顧一群成功人士，好讓我們這些後人可以從教育、家世、態度、習慣、方法等面向去分析這些成功人士，找出基模，然後去複製他們的成功模式。

　　不過我們也不得不承認，時勢造英雄，如果這位成功人士不是剛好生在某個年代，剛好碰到某位貴人，剛好抓住某個機會，碰巧下了某個決定，他還會這麼成功嗎？

　　這些收錄在本書中的強勢品牌，當年創立的時候，可沒有 12 原型與品牌的觀念。但是他們很神奇地趕上了對的時代、做了些對的事件、碰到對的機會，一舉成名，成為「有型」品牌。如果剛巧沒有那些關鍵事件、那個關鍵人物，很可能這個產品或品牌，不會大紅，甚至也不會存活至今。

品牌傳播與戰爭

　　上個世紀隨著美帝政權四處征戰，可口可樂也伴隨著美國大兵飄到歐洲（二次世界大戰）、日本（二戰後佔領日本）、韓國（韓戰）、越南（越戰），如果沒有這些大戰，可口可樂不會傳播得這麼快。

吉普與悍馬都是英雄原型的軍用車，前者是二次大戰後風行美國的越野車，後者是海灣戰爭後，在美國風行一時的豪華越野車。兩種車都因為戰爭而大出風頭，而且是紅到世界各地。

如果沒有這兩次戰爭，這兩款車可能只是美國陸軍的一次性採購案，或者根本沒有這樣的軍用需求，壓根也不會被製造出來。

就連香奈兒的經典款香水，也是因為二戰那些滿腦想要把妹的美國大兵，在戰爭結束後將香水大量帶回美國，所以才會紅到美國去了。

因為想省錢而搞出來的品牌

宜家（IKEA）當初賣組合傢俱，可沒有什麼創作者原型的概念，純粹為了降低成本與運費，所以把組裝傢俱的任務交給消費者。二次大戰後，歐洲需要重建，但是又沒有太多的物資，IKEA 的設計師不得不把傢俱設計得很簡約，簡約的好處之一就是，消費者也比較好組裝。

大眾汽車當年也是為了降低成本、容易製造，藉此幫助希特勒完成他「家家都有一輛車」的競選支票，故而弄出了金龜車。金龜車一出廠即獲得不少嘲笑，但看久了之後，大家似乎越看它越順眼。直到二次大戰後，歐洲重建但是又物資匱乏，金龜車簡單好製造的特性，讓它成功重返舞台，長紅熱銷。

這些原本只是為了省錢的設計師，可能想不到幾十年後，這些便宜貨居然會變成教科書級的國際經典品牌。

名人與品牌

瑪麗蓮夢露愛用香奈兒五號，並且到處說嘴，而且最重要的是她跟當時美國總統甘迺迪有緋聞，媒體想不報導都不行。香奈兒女士不喜歡這位風騷女星，但也不得不接受，這位風騷女星為她的香水帶來的知名度。

如果 1956 年摩納哥王妃出席活動時沒有用凱莉包遮住孕肚，也沒剛好被記者拍到，那麼這款包包大概就只是愛馬仕眾多商品當中的某一款設計，默默上市銷售，之後也默默下架。

再說到切・格瓦拉過世後的照片，看起來這麼像耶穌，這種事情，事先安排得了嗎？

說穿了，這些事都是可遇而不可求的。也因為是可遇不可求，所以我們也不得不多試幾次……

總要試個幾次

可口可樂發生在 1985 年的改配方事件，後來變成行銷教科書的經典案例，被釘在恥辱柱上，供後人恥笑。可口可樂在 1985 年摔這一大跤，讓後世的行銷專家在晚上九點的談話性節目，有了可以大聊特聊的談資，也有了一堆馬後炮，像是盲測的時候通常是喝不到三口，所以百事可樂感覺比較好喝，但是要是喝下一整罐，或是一週喝六罐，測試的結果會不一樣。

也有人說，可口可樂的高層無知，不知道自己賣的是「傳統與情懷」而非

時勢造品牌　可遇不可求

糖水。甚至有人說，這是可口可樂早就佈好的局，先讓大家失望，然後再來個大驚喜。其實不論哪一種評論，全都是事後諸葛、後見之明。

一如可口可樂的總裁所說：「我們沒有那麼笨，但是也沒那麼聰明。」

假設我們現在回到 1985 年，面對百事可樂及眾家飲料的競爭，銷量跟市佔都節節下滑的局面。可口可樂公司高層，不做這麼一次「錯誤」的嘗試。那就不會有後面的消費者全面反彈與懷舊聲浪，也不會有經典可口可樂的回歸上架還有消費者回流。可口可樂的銷售成績極有可能就此一路慢慢下滑，慢慢地，便把可樂界第一品牌的王座拱手讓給百事可樂。

也就是因為這個「錯誤」，讓美國人害怕失去可口可樂，懂得珍惜可口可樂，這還真是一個「小別勝新歡」的經典案例啊。把時間放長來看，這個為期三個月的錯誤，還真把可口可樂推上了基業常青的王座。塞翁失馬，焉知非福！？

看準目標 不斷修正

上面講了那麼多，主要是想告訴大家，塑造品牌好像在用一把準心不是很好的槍在打靶，記得要一邊打一邊修正，我們不可能在扣扳機前就能準確預測會不會中靶，只能說確定目標與大方向，打了再修正，我們永遠不會知道什麼是對的，但是我們得有共識，知道方向就在那，如此才能越修越正，直到修成正果那天的到來。

12 原型的觀念，在這條路上，可以幫你不少忙。

下面幾點，是我想給各位讀者們的提醒：

（1）有些人（企業），天生就是吃這行飯的，他們天賦異稟，一站上台就能吸引目光，我們可以學習，但勉強不來。

（2）人生或管理就是不斷妥協與共識的經過，品牌亦然。

（3）機運很重要，我們只能做好準備與管理，靜待機運到來時，我們不會輕易錯過。

希望你的品牌與產品能很快透過「三格一致」，由內而外不斷達成共識，最後獲得社會的共識，成為強勢品牌，讓我收錄在我的下一本書裡，成為經典案例。

觀成長 26

角色行銷
透過 12 個角色原型　建立有型品牌

作　　者——符敦國
視覺設計——徐思文
主　　編——林憶純
行銷企劃——許文薰

總 編 輯——梁芳春
董 事 長——趙政岷
出 版 者——時報文化出版企業股份有限公司

　　　　　108019 台北市和平西路三段二四〇號七樓

　　　　　發行專線—（02）2306-6842

　　　　　讀者服務專線— 0800-231-705、（02）2304-7103

　　　　　讀者服務傳真—（02）2304-6858

　　　　　郵撥— 19344724 時報文化出版公司

　　　　　信箱——〇八九九臺北華江橋郵局第九九信箱

時報悅讀網—— www.readingtimes.com.tw

電子郵箱—— history@readingtimes.com.tw

法律顧問——理律法律事務所　陳長文律師、李念祖律師

印刷——勁達印刷有限公司

初版一刷— 2019 年 6 月 28 日

初版四刷— 2024 年 3 月 7 日

定價—新台幣 350 元

（缺頁或破損的書，請寄回更換）

角色行銷：透過 12 個角色原型　建立有型
品牌 /
符敦國作 . -- 初版 . - 臺北市：
　時報文化, 2019.06
　248 面；17×23 公分
　ISBN 978-957-13-7508-3（平裝）
1. 品牌行銷 2. 行銷策略
496　　　　　　　　　　　　　　107012381

ISBN 978-957-13-7508-3
Printed in Taiwan